ACADÉMIE IMPÉRIALE

DES SCIENCES, ARTS ET BELLES-LETTRES DE CAEN.

PRIX LE SAUVAGE.

RAPPORT

SUR LE CONCOURS OUVERT LE 26 FÉVRIER 1858,

Lu dans une séance extraordinaire de l'Académie, le 4 décembre 1861,

PAR M. ROULLAND,

Au nom d'une Commission composée de :

MM. Vastel, Roulland, Pierre, Leboucher, Le Bidois, Le Roy-Lanjuinière. Roger, Des Essars et Travers.

CAEN,

TYPOGRAPHIE DE A. HARDEL, LIBRAIRE.
RUE FROIDE, 2.

1862.

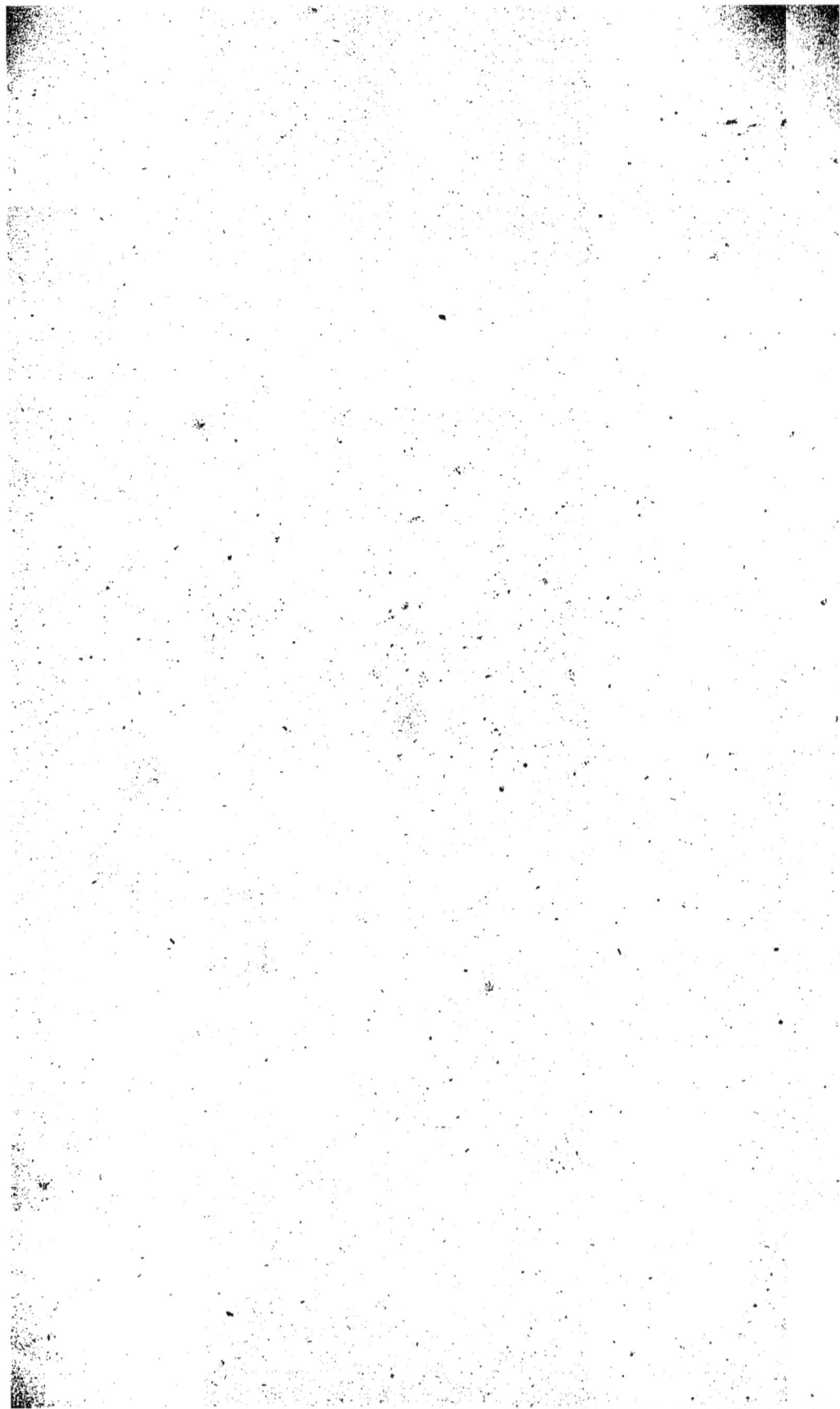

ACADÉMIE IMPÉRIALE

DES SCIENCES, ARTS ET BELLES-LETTRES

DE CAEN.

⟡

PRIX

FONDÉ PAR LE DOCTEUR LE SAUVAGE.

⟡

CONCOURS DE 1860.

ACADÉMIE

DES SCIENCES, ARTS ET BELLES-LETTRES DE CAEN.

PRIX LE SAUVAGE.

RAPPORT

SUR LE CONCOURS OUVERT LE 26 FÉVRIER 1858,

Lu dans une séance extraordinaire de l'Académie, le 4 décembre 1861,

PAR M. ROULLAND,

Au nom d'une Commission composée de :

MM. Vastel, Roulland, Pierre, Leboucher, Le Bidois, Le Roy-Lanjuinière, Roger, Des Essars et Travers.

CAEN,

TYPOGRAPHIE DE A. HARDEL, LIBRAIRE,
RUE FROIDE, 2.

1862.

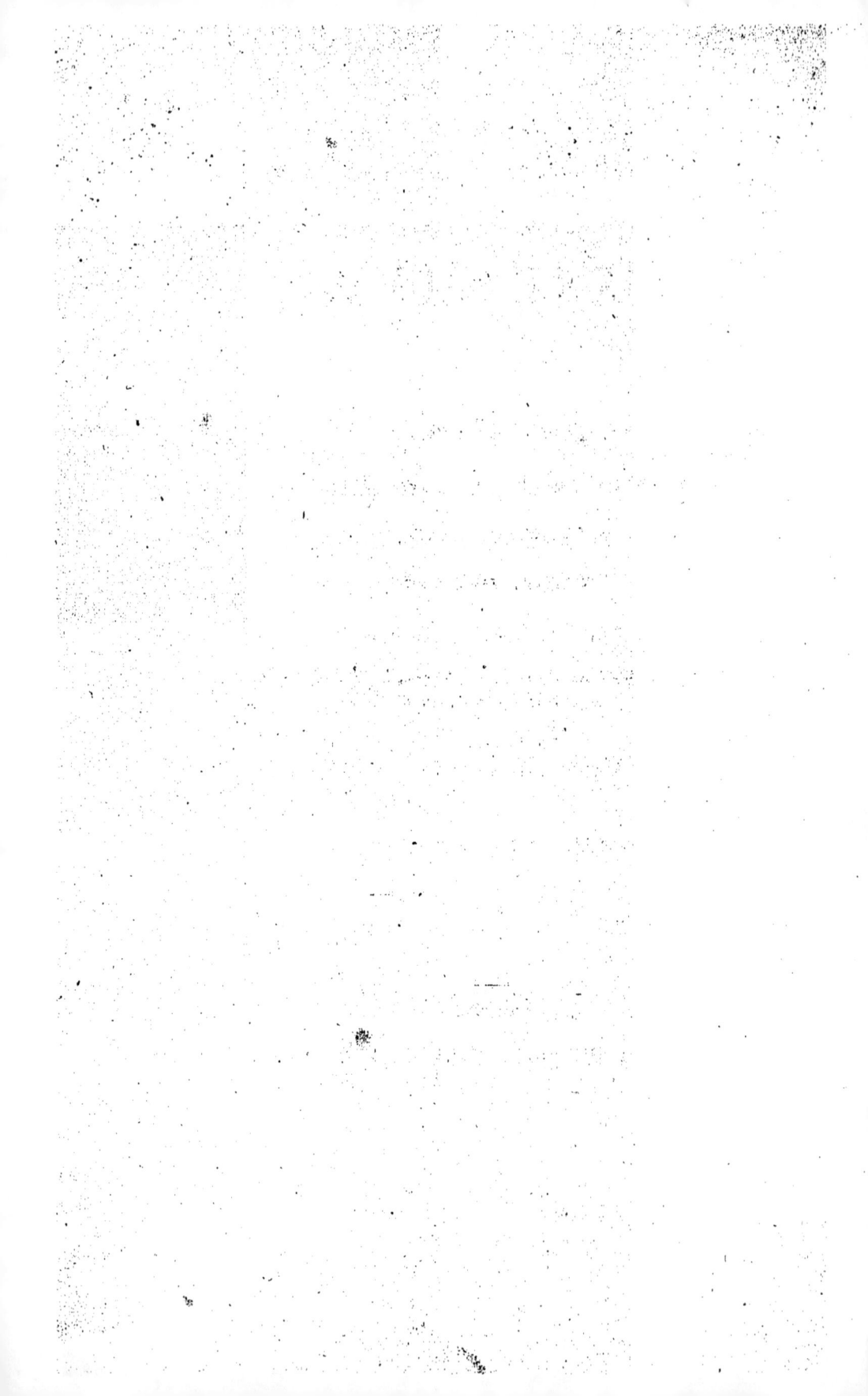

SUJET DU CONCOURS.

PRIX LE SAUVAGE [1].

L'Académie impériale des sciences, arts et belles-lettres de Caen met au concours la question suivante :

DE LA CHALEUR ANIMALE.

Après avoir fait connaître les principaux phénomènes de la chaleur animale, les concurrents devront en rechercher les causes, les sources ;

Exposer les diverses théories qui ont eu cours dans la science sur cet important sujet, et porter sur chacune d'elles un jugement motivé.

Ils feront connaître les diverses circonstances qui influent sur la chaleur animale, spécialement chez l'homme :

A. *Circonstances extérieures.*

B. *Circonstances qui tiennent à l'organisme lui-même :* 1°. *physiologiques ;* 2°. *morbides.*

---

[1] M. le docteur Le Sauvage, décédé le 10 décembre 1852, a légué à l'Académie des sciences, arts et belles-lettres de Caen, une somme de 12,000 francs, « dont l'intérêt accumulé, dit le testateur, servira à « établir tous les deux ans un prix : le sujet du concours sera choisi « plus particulièrement dans les sciences physiques, d'histoire naturelle « et médicales. »

Enfin, ils devront rechercher l'influence du système nerveux sur la chaleur animale.

L'Académie ne demande pas seulement une revue historique et critique ; elle désire avant tout une œuvre originale.

Le prix est de DEUX MILLE francs.

Les concurrents devront adresser leurs mémoires *franco* à M. Julien Travers, secrétaire de l'Académie, avant le 1er. mai 1860.

Les membres titulaires de l'Académie sont exclus du concours.

RAPPORT

SUR LE CONCOURS.

La critique est aisée et l'art est difficile.

MESSIEURS,

Les phénomènes généraux par lesquels la vie se manifeste offrent à nos méditations un champ toujours nouveau et toujours fécond. Parmi les questions que nous rencontrons dans ce domaine de la physiologie, les plus importantes peut-être sont celles qui se rattachent à la production de la chaleur chez les êtres organisés. Tandis que les corps inorganiques se maintiennent en équilibre de température avec le milieu qui les entoure, ou tendent à se mettre en équilibre avec lui, lorsqu'ils ont été artificiellement échauffés ou refroidis, les êtres organisés au contraire ont une température propre. Ils produisent en eux-mêmes de la chaleur, et la quantité de chaleur produite est suffisante pour compenser les pertes incessantes qui se font à leur surface. Ce fait général de la production de la chaleur chez les êtres vivants a frappé de tout temps les physiologistes. Il est dans la science peu de sujets d'études plus dignes de fixer l'attention, il n'en est guère de plus difficiles.

Privés des lumières de la science moderne, les anciens avaient mis en avant, pour l'expliquer, des hypothèses qui témoignent de l'impuissance du génie lorsqu'il s'égare à attaquer par la spéculation seule les questions qui ne sont accessibles qu'à l'expérience. Grâce aux recherches entreprises dans ces dernières années, l'étude de la chaleur animale est entrée dans une voie nouvelle, et tout fait espérer que dans un temps prochain la solution du problème pourra devenir complète. Toutefois, disons-le, malgré les progrès accomplis depuis cinquante ans par la chimie organique, nous sommes moins frappés des résultats obtenus que des lacunes énormes qui séparent encore cette science du point où elle touche au problème fondamental de la vie. Nous admirons, sans partager leur confiance, ces savants éminents qui s'efforcent de démontrer que le jeu des forces chimiques suffit à expliquer toutes les métamorphoses de la substance organisée. Pour eux, décompositions, germinations, nutrition des animaux, fermentations de tout genre, tout doit trouver son explication dans de simples réactions, qui font succéder un équilibre atomique à un autre équilibre atomique. La vie n'apparaît plus nulle part, on l'a bannie; l'être vivant n'est plus qu'un alambic; les affinités s'y opèrent avec la même énergie, de la même façon que dans le monde minéral, et les groupements s'y font au gré des mêmes forces qui fixent un minéral sur la paroi d'un filon, ou qui précipitent certains sels au fond des eaux. Pour eux, cette force mystérieuse, qui détermine les phénomènes observés dans les êtres vivants, n'est autre chose que l'affinité, et les lois en vertu desquelles elle agit, ne sont pas distinctes de celles qui régissent les mouvements de la matière purement mobile et quiescible.

A côté de ces investigateurs enthousiastes, qui ont conçu de leur science une si haute idée qu'elle devient plus grande que la nature elle-même, se rencontrent des esprits timides et positifs qui, n'attachant d'importance qu'à ce qui peut avoir une application directe et immédiate, se demandent pourquoi s'agiter ainsi pour la solution de ces curieux problèmes, qui touchent cependant à l'essence même de notre nature. Ils négligent les études approfondies, générales, purement didactiques, et laissent volontiers dépérir les grandes et fortes méditations.

Pour vous, Messieurs, également éloignés et de cet enthousiasme ardent, et de ce positivisme fâcheux, vous avez cru utile de rappeler l'attention sur un de ces phénomènes qui, par sa généralité, semble se confondre avec la vie elle-même. *La chaleur animale, ses causes, ses modifications sous l'influence de l'organisme et des agents extérieurs*, telle est la question que vous avez mise au concours. Vous êtes-vous flattés d'obtenir une réponse définitive, de provoquer sur un si grave sujet le dernier mot de la science moderne? Non assurément. Mais vous avez espéré que, des travaux que vous sollicitiez, il sortirait quelques éléments nouveaux. Votre espoir a-t-il été déçu? C'est ce que nous allons examiner.

Six mémoires vous ont été adressés; vous avez chargé de les examiner et de vous en rendre compte une Commission composée de : MM. des Essars, Vastel,

Pierre, Leboucher, Le Bidois, Leroy, Roger, Travers et Roulland. Cette Commission m'a chargé d'être son interprète. J'ai dû accepter ce périlleux honneur. C'était pour moi un témoignage d'estime et un moyen de payer à mon maître, M. Le Sauvage, une dette de reconnaissance et d'amitié. Aujourd'hui, nous vous apportons le résultat de nos délibérations, tardivement sans doute ; mais ce retard trouve son excuse dans notre désir de vous présenter un travail qui ne soit pas trop indigne de vous, et qui réponde à l'importance et au mérite des travaux que nous avons à juger.

Je ne me suis pas dissimulé les difficultés de ma tâche. Elle exige, pour être utilement remplie, autant de précision que de clarté, de simplicité que de rigoureuse exactitude. Si on n'aspire qu'à être intelligible, on court le risque de faire perdre au sujet sa véritable importance ; si on veut être rigoureux, on s'expose à ne pas être compris.

Nous examinerons les mémoires dans l'ordre où ils sont parvenus au Secrétariat de l'Académie. Nous en donnerons une analyse rapide, nous apprécierons leur valeur absolue, et ensuite, les rapprochant les uns des autres, les comparant, nous jugerons leur mérite relatif.

Les mémoires nᵒ. 1 et nᵒ. 2 ne méritent sous aucun rapport de fixer votre attention. Le silence cependant n'est pas permis, nous leur devons justice et vérité.

Le mémoire nᵒ. 1 porte pour épigraphe :

La nature est non moins incompréhensible dans ses détails que dans son infini.

Cela veut dire, si nous comprenons bien, que toute

recherche est vaine, que toute investigation scientifique
est inutile. Dans la nature tout est mystère, et l'homme
n'a d'autre rôle à remplir que de se reposer et de
contempler l'univers. L'auteur nous assure qu'il n'est
point médecin ; l'aveu était inutile. C'est uniquement
comme homme de bon sens qu'il se présente dans la
lice. Il ne se fait point, du reste, illusion sur la place
qu'il doit occuper. Entré le premier dans l'arène, sans
doute, dit-il, il en sortira le dernier. Cependant nous
craignons que sa modestie ne soit qu'apparente ; car
aussitôt il ajoute qu'il espère rendre à l'humanité un
double service : service moral et service physique.

En quoi consiste le service moral ? Il se livre à ce
sujet à une longue dissertation, confuse, incohérente,
le plus souvent inintelligible, toujours sans base et sans
fondement. Nous pouvons en extraire les propositions
suivantes :

L'âme, en fait, se confond avec l'intelligence ;

L'intelligence est la résultante de ses facultés physiques, et principalement de la mémoire ;

La mort anéantit l'homme, lui et toutes ses facultés
y compris l'âme ;

Son existence, bornée à la terre, peut et doit paraître
suffisante.

Tel est, Messieurs, le service moral rendu à l'humanité.
Il faudrait, certes, d'autres preuves que celles que l'auteur
apporte à l'appui de ses désolantes utopies pour ébranler
vos convictions. Ici, du reste, la forme ne vaut pas
mieux que le fond ; et nous aurions laissé dans l'oubli
qu'elle mérite cette partie du mémoire, si notre devoir
de rapporteur ne nous imposait une rigoureuse et pé-
nible exactitude.

Et le service physique, voyons quel il est. « Il con-

siste, dit l'auteur (et nous empruntons son langage),
dans l'application de l'ordre ou de la logique à la
science médicale. La médecine joue dans le monde un
rôle fort important, et doit avoir à cœur de trouver enfin
son principe, et surtout de s'y arrêter. Ce principe est
connu, c'est la pratique seule qui fait défaut. Ce qui est
vrai quant au corps humain, c'est qu'il renferme
beaucoup d'humeurs ; que ces humeurs sont putrescibles,
et que leur corruption est la seule cause de toutes les
maladies. Or, la conséquence à tirer de ce principe,
c'est qu'il faut expulser du corps les matières cor-
rompues, c'est-à-dire recourir à un remède unique, la
purgation. Par cette pratique constante, le médecin
concourra pour son compte au maintien du grand principe d'ordre universel. »

Si ce n'est, Messieurs, la gravité du sujet et une sorte
de déférence que nous devons à l'auteur, nous vous
dirions avec le poète : *Risum teneatis, amici.* Mais non,
disons seulement que cette seconde partie est digne de la
première.

Et la chaleur animale, en est-il donc question dans ce
mémoire ? Non, fort heureusement. La chaleur animale
n'est autre chose que la chaleur du sang, et la chaleur
du sang, comme œuvre de la nature, est un mystère
absolument incompréhensible. Pourquoi l'auteur n'en
a-t-il point jugé ainsi des autres propositions émises
dans son travail ?

———

*Partout où il y a groupe de molécules, il se produit
une résultante qui est la puissance du groupe, distincte
non-seulement des forces particulières qui composent le*

groupe, mais aussi de leur quantité, et qui en exprime l'unité synthétique, la fonction pivotale, centrale : dans l'organisme animal, cette résultante est la chaleur.

Telle est la phrase peu intelligible qui sert d'épigraphe au mémoire n°. 2.

L'auteur commence par quelques propositions sur la chaleur en général, et plus spécialement chez les êtres organisés. Malheureusement ses idées n'ont pas un développement suffisant; sa pensée se dégage rarement nette et précise, un grand nombre de points restent dans une obscurité complète. Il étudie, dans divers paragraphes, la nécessité de la chaleur dans les actes de l'organisme, la température des divers animaux: celle de l'homme, celle des mammifères, des oiseaux, des animaux à sang froid. C'est un exposé bien plutôt qu'une appréciation des travaux connus. Il nous serait facile de relever de nombreuses erreurs; mais nous aimons mieux arriver tout de suite à une question plus importante, à savoir: l'influence de la respiration sur la chaleur animale.

Nous espérions au moins trouver une analyse exacte et complète des travaux antérieurs: ici encore notre attente a été trompée. L'auteur nous dit, en quelques lignes, que l'air introduit dans le poumon est une cause de refroidissement ou d'abaissement de température; que plus cet air est concentré, plus il est riche en oxygène et plus le sang est saturé de ce principe (nous nous servons des expressions de l'auteur), plus ce fluide est apte à fournir de cet oxygène pour l'accomplissement des actes de composition et de décomposition qui ont lieu dans les diverses parties de l'organisme. Non-seulement tout cela n'est pas clair, mais encore n'est pas exact.

« L'auteur ne nous satisfait pas davantage quand il parle de l'influence du régime alimentaire, de la contraction musculaire ou de l'influence des états pathologiques sur la température du corps. Il n'est pas au courant des travaux modernes. C'était cependant un des points les plus importants de la question, un de ceux sur lesquels des recherches et des études personnelles étaient le plus à désirer, un de ceux enfin sur lesquels vous aviez plus spécialement appelé l'attention des concurrents. Mais, au moins, l'auteur est-il plus complet quand il étudie les diverses théories émises sur la production de la chaleur animale ? Non encore, et cette partie du travail renferme plus d'erreurs que les précédentes. Après quelques mots consacrés aux opinions des anciens, il arrive à ce qu'il appelle l'hypothèse de Black et de Lavoisier. Assurément il n'a pas lu les remarquables travaux du chimiste français, ou, s'il les a lus, il ne les a pas compris. Voici, en effet, comment il rend compte des idées de ce grand homme : « L'air, en arrivant dans le poumon, s'y décompose : une partie de son oxygène disparaît et se trouve remplacée par une certaine quantité d'acide carbonique. Ce phénomène, semblable à la combustion du charbon, dégage de la chaleur; l'autre partie est absorbée par l'eau qui se dégage sous forme de vapeur pendant la respiration, et par l'acide carbonique expulsé. » Cette citation nous dispense de tout commentaire.

Les opinions d'Edwards et de M. Claude Bernard ne sont pas mieux comprises. Aussi vous nous permettrez de ne pas insister.

Suivant l'auteur, cinq conditions sont nécessaires pour que la calorification s'opère d'une manière normale. Il faut : « 1°. que les éléments qui composent le

« sang soient dans des proportions déterminées ; 2°,
« que les combinaisons hétérogènes à l'organisation ;
« formées dans l'économie pendant l'exercice des di-
« verses fonctions, soient rejetées au dehors , leur sé-
« jour prolongé dans l'intérieur du corps ayant pour
« effet de déterminer une perturbation dans le mouve-
« ment circulatoire et dans les actes de composition
« et de décomposition (quel triste langage !) ; 3°. que
« la déperdition de la chaleur produite par l'économie
« soit égale à sa production ; 4°. que l'influence du
« milieu ambiant ne s'exerce pas de manière à accroître
« sensiblement la conductibilité du corps pour la cha-
« leur, et à opérer sur celui-ci une soustraction de
« calorique supérieure à la quantité qu'il reçoit ; 5°.
« qu'aucune lésion ou aucune incubation ne produise
« un trouble économique de nature à modifier quel-
« ques-unes des fonctions. — Ces conditions se rem-
« plissent : la première , par le renouvellement des
« matériaux du sang ; la seconde , par les sécrétions ;
« la troisième , par les moyens physiques dont se sert
« la nature pour que l'excédant de chaleur se perde
« dans l'atmosphère ; la quatrième , par le maintien ,
« dans un milieu sec, du corps, qui est naturellement
« mauvais conducteur du calorique ; la cinquième ,
« enfin, par tout ce qui peut prévenir les lésions ou
« incubations. » L'auteur nous saura gré de ne pas insister sur cette partie de son travail ; toute discussion
est inutile , votre jugement est formé.

Pourquoi faut-il que notre devoir nous impose d'aller
jusqu'au bout, et qu'il nous faille vous rendre compte
des deux derniers chapitres ? Quelques lignes, au reste,
vont suffire. Que veut dire l'auteur quand il affirme que
l'état de maladie, considéré d'une manière abstraite, n'est

autre chose que le trouble du degré normal de chaleur du corps ? Où a-t-il puisé sa théorie de l'inflammation, aussi étrange qu'erronée ? Les conséquences, au reste, sont dignes des prémisses. Les maladies inflammatoires ne pouvant se développer sans que la température du corps ne s'élève, abaissez, dit-il, cette température à son degré normal, et la maladie sera guérie. Le moyen est simple : imitez la nature ; comme c'est par une sueur continue que le corps perd d'une manière incessante son calorique, le médecin pourra obtenir le même effet au moyen d'une légère couche d'humidité, c'est-à-dire d'une sueur imitée. Il lui suffira pour cela de faire sans interruption des passes d'eau froide, soit avec la main légèrement mouillée, soit avec une éponge ; ajoutez-y des boissons à la glace et des lavements froids, et vous aurez une thérapeutique complète. Ce traitement, aussi simple qu'économique, a paru infaillible à l'auteur, quand on l'applique au début de toutes les maladies inflammatoires. Comme preuve à l'appui, il cite les succès qu'il a obtenus dans la fièvre typhoïde : *ab uno disce omnes.*

Les trop longs détails dans lesquels nous venons d'entrer nous dispensent de formuler notre jugement sur ce mémoire ; vous comprenez la réserve que nous imposent les égards que l'on doit à un auteur que l'on croit digne d'estime et de considération.

———

Nous avons accompli, Messieurs, la partie la plus aisée de notre travail. Nous sommes de ceux qui pensent qu'il est bien plus difficile de rendre compte d'un bon livre que d'un médiocre, et à plus forte raison d'un méchant livre ; avec ce dernier, il n'y a pas à se

gêner : le critique peut laisser courir sa plume où le
vent l'emporte; il sait qu'il ne sera pas trop au-dessous
de sa tâche , et que moins il parlera de l'œuvre, mieux
cela vaudra. Mais il n'en est plus ainsi quand, critique
consciencieux , il se trouve en faee d'un travail important. Aussi, en présence des mémoires qui nous
restent à examiner , et dont le mérite est incontestable, votre rapporteur hésite ; tout lui fait sentir son
insuffisance , et, s'il n'était soutenu par ses collègues ,
il se garderait bien de prononcer dogmatiquement et
de trancher du juge.

L'auteur du mémoire n°. 3 a emprunté à Fontenelle
(Éloge de Ruysch) la devise suivante :

Un premier voile qui couvrait l'Isis des Égyptiens
a été enlevé depuis un temps ; un second , si l'on veut ,
l'est aussi de nos jours ; un troisième ne le sera pas, s'il
est le dernier.

Ce mémoire est l'œuvre d'un homme de mérite, d'un
savant qui, maître de son sujet, en a compris toute
l'étendue, toute l'importance , et en sait toute la difficulté. Il se distingue toujours par la netteté et la sûreté
des aperçus, quelquefois par leur originalité. Si toutes
les parties du problème n'ont pas été résolues d'une
manière complète ; si certains points sont restés dans
une obscurité regrettable , il en est au moins quelques-
uns qui ont été éclairés d'une vive lumière. La forme
en est attrayante, le style facile ; on lit volontiers d'une
haleine ce travail qui n'a pas moins de deux cents
pages. Pour le juger comme il le mérite , suivons l'auteur pas à pas, et, chemin faisant, exposons simplement
nos impressions et nos doutes.

Après avoir déclaré que, tout en restant fidèle à
l'esprit de la question posée, il désire ne pas s'asservir
à un ordre irrévocablement tracé et se dégager des
entraves de la forme, l'auteur expose ainsi le plan qu'il
va suivre : « J'aborderai le vaste et beau problème de la
chaleur animale par les causes, les sources, le mécanisme enfin de ce fait intéressant de l'organisme
vivant ; j'en étudierai la destination physiologique, j'en
marquerai la place dans la hiérarchie des fonctions ;
puis, enchaînant les actes morbides aux actes normaux,
je déduirai de ceux-ci ceux-là ; je fixerai le rôle pathologique de la chaleur animale, éclairant ainsi d'un
même rayon ce phénomène de l'organisme, soit dans le
calme de la santé, soit dans les orages de la maladie. Et,
pour consacrer enfin toutes ces études par d'utiles
applications, je ferai ressortir les services qu'en peut
obtenir la pratique médicale. Physiologie, pathologie,
thérapeutique : ces trois branches essentielles de la médecine se trouveront ainsi unies et comme confondues
dans une étroite solidarité. »

Il est certes difficile de tracer un tableau plus net et
plus complet des différentes questions que soulève le
problème à résoudre.

Avant de suivre l'auteur dans l'exposé de la science
moderne, permettez-nous, Messieurs, de vous rappeler
très-sommairement certains faits généraux qui vous
mettront à même d'apprécier la valeur du travail.

Dans les réactions chimiques qui se passent jour-
nellement sous nos yeux, nous voyons que, toutes les
fois qu'un corps se combine à un autre, cette combinaison donne lieu à un dégagement de chaleur. Ce
phénomène est remarquable par sa généralité ; il se
rapporte aussi bien aux combinaisons des corps simples

entr'eux qu'à celles qui s'effectuent entre des corps composés, et, dans les cas où l'on peut le mesurer, il ne diffère que par l'intensité qu'il présente.

Du bois qui se consume dans un foyer ardent dégage une somme de chaleur d'autant plus grande que la combustion est plus active et plus rapide.

Un amas de débris végétaux qui fermente n'absorbe l'oxygène que lentement, se consume peu à peu et occasionne un dégagement de chaleur beaucoup moins intense.

Dans le premier cas, l'oxydation est énergique, tandis que, dans le second, elle s'accomplit lentement; mais, qu'elle soit rapide ou lente, toujours nous voyons se développer une quantité de chaleur proportionnelle à l'intensité de la réaction.

Les phénomènes chimiques, qui s'accomplissent pendant la respiration, diffèrent à peine de ces phénomènes de combustion lente dont nous venons de parler. Les uns et les autres ont pour résultat de ramener, par une série d'oxydations successives, des molécules organiques complexes à des formes de plus en plus simples, et de les transformer finalement en eau, acide carbonique et ammoniaque.

Si les combustions lentes qui se passent sous nos yeux, et dont nous pouvons à la fois suivre les phases et mesurer les effets, dégagent toujours de la chaleur, il doit en être de même pour les réactions analogues qui se passent dans l'économie. L'oxydation que subissent les matériaux du sang dans le cours de la circulation est donc une source constante de chaleur (1).

(1) Wurtz (Thèse de concours).

Voilà un résultat auquel conduisent l'expérience et l'analogie ; ce résultat constitue une des plus belles découvertes qu'on ait faites dans les temps modernes.

Mais à côté de ce fait culminant, capital, viennent s'imposer des questions qui, tout en étant au second plan, ont une grande importance. Ainsi, quel est le siége précis des combustions ? Peut-on assimiler, quant à la quantité de chaleur produite, les oxydations lentes et successives que subit un corps organique à la combustion brusque et complète de ce même corps, en admettant même que le résultat définitif de l'action chimique soit le même dans les deux cas ? Les corps composés qui brûlent dans l'économie donnent-ils la même somme de *calories* que la combustion des corps simples : carbone et hydrogène ? Enfin l'organisme lui-même a-t-il une action spéciale et définie sur ces combustions ?

Vous le voyez, le problème est plus complexe qu'il ne le paraissait tout d'abord, et le champ s'élargit à mesure que l'on pénètre plus avant dans la question.

Revenons à notre mémoire.

L'auteur commence par exposer, sans se donner la peine de les discuter, les diverses hypothèses émises par les anciens sur les causes de la chaleur animale. Conçues, dit-il, dans l'ignorance ou l'oubli de toute saine notion de physique et de physiologie, elles ne méritent pas qu'on les discute. Il cite l'opinion d'Hippocrate, qui fut celle de toute l'antiquité ; il nous rappelle les théories de Van-Helmont, de Sylvius, de Hamberger ; il signale, en passant, le système des iatro-mécaniciens, qui plaça la cause de la production du calorique dans le frottement des globules du sang par le mouvement circulatoire ; il nous montre comment, en appliquant ainsi aux liquides les lois des solides, on avait commis une grave erreur, et, de plus, détourné la question de la voie où elle pouvait trouver une solution. Les chimiâtres, leurs prédécesseurs, avaient entrevu l'analogie des procédés par lesquels se produit la chaleur, soit dans les corps inertes, soit dans les corps organisés. Mais ils demandaient à la chimie ce qu'elle était incapable encore de leur donner. Cette science n'avait point encore trouvé sa base ; et il fallait les recherches de Mayow, de Black, de Priesley, de Scheele et du plus illustre de tous, de Lavoisier, pour qu'elle pût fournir les éléments nécessaires à la solution du problème. L'auteur nous montre Lavoisier rapprochant tous les faits signalés avant lui, en vérifiant avec soin l'exactitude, multipliant à l'infini les expériences ; fondant ainsi dans une suite de travaux entrepris en 1775 et continués jusqu'à sa mort, fondant, disonsnous, la théorie de la combustion, et rattachant à cette théorie la production de la chaleur animale.

Cette partie du mémoire ne laisse rien à désirer pour la précision et la clarté de l'exposition ; mais peut-être ne donne-t-elle pas une idée assez complète de l'importance des découvertes du célèbre chimiste et ne rend-elle pas pleine justice à son génie. Pour nous, nous ne pouvons trop admirer le mémoire de 1789 dans lequel se trouvent, comme le fait remarquer le professeur Gavarret (1), d'admirables considérations sur les rapports qui doivent exister entre l'alimentation, le climat et le genre de vie, sur l'alimentation

(1) Gavarret, p. 178.

2

surabondante ou insuffisante considérée comme cause de maladie, et sur le régime à suivre dans les maladies aiguës. Ces pages, non moins remarquables par la noble simplicité et l'élévation du style que par la grandeur de la pensée, semblent écrites d'hier, tant elles expriment avec force et netteté les idées que la chimie, après soixante ans de luttes et de travaux, croit être parvenue à faire prévaloir en physiologie et en hygiène. Si Lavoisier s'est trompé en adoptant le poumon comme siége de la combustion, s'il n'a pas creusé assez profondément la question de l'action exercée par l'oxygène sur les matériaux du sang, et s'il s'est trouvé ainsi invinciblement entraîné à ramener les phénomènes physico-chimiques de la respiration à des termes trop simples, il faut se rappeler qu'il était obligé de créer la chimie à mesure qu'il la faisait servir avec tant de supériorité à l'analyse des fonctions des animaux; et surtout il ne faut pas oublier que, pour lui, les détails de sa théorie n'étaient que provisoires; le temps lui a manqué pour mettre la dernière main à son œuvre.

A peu près à la même époque, le docteur Crawford publia ses recherches. Notre auteur en donne une analyse exacte. Il nous montre les résultats de sa théorie sapés par leur base, car elle s'appuie sur une hypothèse : la différence de chaleur spécifique du sang artériel et du sang veineux, hypothèse erronée, comme le démontra un de ses compatriotes, John Davy. Toutefois, rendons-lui la justice qui lui est due. Il y a dans le travail de Crawford une belle pensée qui se reproduit partout et sous toutes les formes, à savoir : que la chaleur produite par les phénomènes chimiques de la respiration ne devient *sensible* que dans les capillaires généraux.

L'attention des physiologistes une fois appelée dans cette direction, des recherches sérieuses surgissent de toutes parts. Lagrange, conduit par le seul raisonnement, affirme que dans le poumon il se passe un simple échange de gaz entre l'atmosphère qui cède son oxygène et le sang qui laisse échapper son acide carbonique. L'oxygène, absorbé et entraîné dans le torrent circulatoire, réagit ensuite sur les matériaux du sang dans les capillaires généraux et produit de l'eau et de l'acide carbonique.

Gaspard de La Rive, dans une thèse remarquable soutenue devant l'Université d'Édimbourg, signale non-seulement la rencontre dans le sang de l'oxygène de l'air avec le carbone et l'hydrogène fourni par les aliments, mais encore le dépôt dans l'économie de matières combustibles, sous forme de graisse ; et, s'autorisant de ce fait, il explique par l'amaigrissement rapide du fébricitant l'extrême chaleur qui le dévore. Ce que Lagrange et G. de La Rive venaient d'affirmer par le raisonnement, l'auteur nous montre Spallanzani et Edwards le sanctionnant par l'expérimentation. Le premier place des limaçons dans des tubes de verre purgés d'oxygène et qui ne contenaient que de l'azote ou de l'hydrogène. Bien que ces animaux ne pussent pas introduire d'oxygène dans leurs organes respiratoires, ils continuèrent cependant à exhaler de l'acide carbonique, comme le prouvait l'analyse des gaz accumulés dans les tubes. D'où il fallait conclure que l'acide carbonique ne se formait pas directement dans le poumon, mais qu'il était apporté, tout formé, par le sang veineux et simplement exhalé en même temps que l'oxygène était absorbé.

En 1824, Edwards opérant sur des grenouilles et

d'autres reptiles, sur des poissons, des mollusques et même sur un petit chat, prouve à son tour la vérité de l'hypothèse de Lagrange. Il nous apprend, de plus, le rôle que joue l'azote dans la respiration.

Cette théorie, une fois admise, impliquait la présence dans le sang des gaz oxygène et acide carbonique à l'état de liberté. L'auteur est conduit de la sorte à analyser le travail publié par Magnus, sur ce point de la science. Suivant l'ordre chronologique, vient se placer ici l'opinion de Bichat : « A cette époque, dit l'auteur, succède, pour ce point important de la physiologie, un sommeil regrettable. Bichat avait paru, qui, par ses études, ses recherches, ses belles découvertes, s'était acquis un crédit mérité. Le prestige qu'exerça son génie sur ses contemporains fut porté jusqu'à l'éblouissement : il obtint pour ses erreurs la même créance que pour les vérités importantes qu'il avait mises en lumière. Ce confiant abandon fut fatal à la doctrine de la calorification. Un vitalisme exagéré s'empara des esprits, l'empire des lois physiques dans l'organisme vivant fut méconnu, et il suffit de quelques objections de détail pour ébranler la théorie et en déterminer la chute. Et, cependant, Bichat avait proposé lui-même une explication toute physique : s'autorisant du dégagement de chaleur qui résulte du passage des corps liquides et gazeux à l'état solide, il rattachait la production du calorique animal à la solidification des éléments du sang dans le travail de la nutrition. » Pour combattre cette théorie, l'auteur, qu'il nous soit permis de le dire, s'attaque lui-même aux détails et laisse de côté l'idée principale, qui méritait cependant d'être plus sérieusement examinée, ainsi que nous le verrons plus tard.

« Les physiciens et les chimistes étaient toutefois
restés fidèles à la doctrine de leur maître ; étrangers
à la connaissance des actes morbides qui pouvaient la
battre en brèche, habitués par la direction de leurs
études à réduire les principes généraux, à ramener
à un petit nombre d'éléments les actes de la nature,
si compliqués qu'ils soient, et à les soumettre ainsi à
des lois identiques ; peu soucieux d'ailleurs des lois
vitales dont les médecins faisaient tant d'éclat, ils se
constituèrent les gardiens de la théorie qui rattachait
à la combustion la production de la chaleur chez les
êtres vivants aussi bien que dans le monde inerte (1). »

En 1821, l'Académie des sciences, proposant pour
sujet de prix la détermination de la chaleur animale,
se chargea de rappeler aux médecins que, solidaire
de toutes les sciences, la physiologie ne pouvait, dans
cette importante question, se passer de la chimie.
Deux travaux importants furent alors publiés : le premier appartient à Dulong, le second à M. Despretz ;
celui-ci fut couronné par l'Académie. L'auteur analyse
peut-être trop brièvement ces deux mémoires : il n'en
donne pas, en effet, une idée complète. Votre Commission eût désiré que, tout en constatant leur importance, on fît mieux sentir l'imperfection de la méthode
opératoire et les lacunes qu'ils n'ont pas comblées. En
effet, indépendamment des objections qu'on peut
adresser aux idées générales sur lesquelles repose l'expérimentation, il y a deux circonstances, qui, toutes
deux, ont contribué à exagérer le défaut de compen-
sation entre la chaleur perdue par l'animal dans un
temps donné et celle qu'il produit par la combustion

(1) L'auteur, page 18.

pulmonaire. En premier lieu, Dulong et M. Despretz
ont supposé à tort que l'animal ne se refroidit pas dans
le courant de l'expérience, qu'il sort du calorimètre
possédant exactement la même température qu'à l'entrée. En second lieu, le calcul de la quantité de chaleur
produite suppose la connaissance préalable des chaleurs
de combustion du carbone et de l'hydrogène. L'un et
l'autre se sont servis de coefficients trop faibles. Après
avoir coté trop haut la chaleur perdue, ils ont coté trop
bas la chaleur produite. De plus, M. Despretz a constaté
dans toutes ses expériences une exhalation d'azote, et
les nombres qui représentent les pertes de ce gaz
éprouvées par l'animal sont, comme le fait remarquer
M. Liebig, beaucoup trop forts (1).

Le travail publié par MM. Regnault et Reiset, dans
les *Annales de chimie et de physique*, a été au contraire
très-bien résumé par l'auteur. Nous voyons avec quelle
haute sagacité les expériences ont été conçues, avec
quelle irréprochable habileté elles ont été dirigées. Elles
prouvent: 1°. que tous les animaux absorbent de l'oxygène qui se combine avec les matériaux du sang; 2°. que
tous exhalent de l'acide carbonique, et que le poids de
l'oxygène de l'acide carbonique exhalé est plus faible
que celui de l'oxygène absorbé; 3°. que, dans l'état de
santé et soumis à leur régime habituel, les mammifères
et les oiseaux exhalent constamment de l'azote,
l'exhalation de ce gaz étant toujours très-faible.

Qu'il nous soit permis de dire qu'il est à craindre
que M. Regnault n'ait un peu trop sacrifié l'élément
physiologique à l'élément physico-chimique de la
question. L'exactitude du procédé opératoire, la me-

(1) Gavarret, *loc. cit.*

sure des gaz fournis, l'analyse des gaz recueillis, enfin la partie chimique, sont à l'abri de toute discussion possible. Mais dans toute application des sciences physiques à l'exploration des phénomènes de la vie, il y a une grande difficulté à résoudre : il faut chercher, avant tout et à tout prix, à s'arranger de manière à maintenir les fonctions des animaux dans leur intégrité parfaite. Sous ce rapport, le travail de M. Regnault n'est pas à l'abri de toute objection.

Lavoisier et son école avaient *supposé* qu'une partie de l'oxygène absorbé se combinait avec le carbone pour former de l'acide carbonique, l'autre partie avec l'hydrogène des matériaux combustibles du sang pour former de l'eau ; mais leur méthode était impuissante à démontrer comment et dans quelles proportions s'opère le partage. L'auteur, en nous faisant connaître la méthode de M. Boussingault, dite *méthode indirecte*, nous fait pénétrer plus profondément dans ces phénomènes de combustion, et nous apprend pour quelle part l'oxygène absorbé contribue à la formation des divers produits éliminés par les surfaces respiratoires.

Si maintenant, Messieurs, nous résumons cette partie du mémoire, nous dirons qu'elle donne une idée assez complète de l'état actuel de la science sur cet important sujet. Mais nous devons ajouter que la tâche avait été rendue facile par le savant ouvrage de M. le professeur Gavarret, ouvrage auquel l'auteur a fait de nombreux emprunts. Nous devons regretter qu'il n'ait fait aucun effort pour élucider les points encore obscurs du problème, et qu'il se soit contenté d'un exposé historique. Et cependant il y a encore bien des lacunes à

combler, lacunes inévitables du reste dans une matière
aussi complexe et aussi difficile. Ainsi, quand on dit
que la respiration est une combustion lente, on énonce
un fait ; mais quand on suppose que la combustion
lente du carbone du sang dégage, pour le même poids
d'acide carbonique formé, autant de chaleur que le
charbon de bois qui brûle, on fait en réalité une hypothèse qu'il serait nécessaire de justifier. D'un autre
côté, pour calculer la quantité de chaleur produite,
on s'est servi des données fournies par la combustion
du carbone et de l'hydrogène pris isolément et à l'état
de pureté ; mais ce n'est pas du carbone pur, ce n'est
pas de l'hydrogène pur qui brûle dans l'économie ;
c'est un corps composé, c'est du sucre, de la graisse,
de la fibrine. Les expériences remarquables de MM.
Favre et Silbermann peuvent donner, il est vrai,
quelques indications utiles : elles tendent à prouver que
la combustion d'un aliment non azoté dégage une
quantité de chaleur égale et peut-être supérieure à
celle qui résulterait de la combustion de ses éléments
isolés ; mais la démonstration directe manque. Pour les
matières azotées, le problème est encore bien plus
compliqué. En effet, ces matières ne subissent pas dans
l'économie une combustion complète : une partie de
leurs éléments se sépare à l'état d'urée, d'acide urique, etc. En résumé, les travaux entrepris depuis
Lavoisier n'ont fait que confirmer la grande vue physiologique de cet illustre chimiste. Les procédés d'investigation se sont perfectionnés, les données premières, indispensables à la solution du problème, sont
connues avec plus d'exactitude ; mais il reste encore
plus d'une question à résoudre, et c'était surtout vers
ce but que vous aviez appelé les efforts des savants.

Jusqu'à présent vos désirs n'ont pas été complètement remplis; et les observations qui précèdent suffisent, de reste, à justifier le choix de la question mise au concours.

Il est donc constant aujourd'hui que l'oxygène est dans l'organisme l'agent des réactions chimiques les plus remarquables et la source des principaux phénomènes vitaux. C'est en attaquant incessamment les diverses substances avec lesquelles il est mis en contact, en les brûlant, qu'il entretient en même temps la chaleur et la vie. Mais ce grand acte physique, pour qu'il soit complet, ne lui faut-il pas l'intermédiaire d'une puissance qui n'appartienne qu'à la vie elle-même et en soit l'expression la plus élevée? En d'autres termes, l'action nerveuse ne joue-t-elle pas ici un rôle important?

Suivons l'auteur dans l'examen de cette question.

Certains physiologistes ont réservé au système nerveux le rôle principal dans ce grand acte de la calorification. C'est d'abord Brodie. Dans un mémoire publié en 1811, il compare la marche du refroidissement chez deux animaux de même espèce et de même taille, tous deux *décapités* après ligature préalable des vaisseaux du cou; l'un est abandonné à lui-même: on entretient artificiellement la respiration de l'autre par l'insufflation. L'animal insufflé se refroidit plus vite que l'animal abandonné à lui-même. Dans un second mémoire, publié en 1813, au lieu de décapiter l'animal, il supprime l'action du cerveau par l'inoculation d'un poison, tel que le woroora ou l'huile essentielle d'amandes amères, et il constate que la quantité d'acide carbonique exhalée est la même que chez un animal intact ; que les phénomènes chimiques de la respiration sont les mêmes , et que cependant chez l'animal empoisonné le refroidissement marche plus vite. Ces résultats rencontrèrent de nombreux contradicteurs ; Legallois entr'autres infirma , par des expériences nombreuses et bien conduites, les propositions énoncées par le physiologiste anglais.

M. Chaussat laisse la tête aux animaux soumis à son scalpel, mais il leur divise le cerveau ; il leur détruit la moëlle épinière à diverses hauteurs par un fer incandescent introduit dans le canal vertébral , ou bien il la sectionne en diverses régions ; il coupe les deux pneumo-gastriques ; il enlève le grand-sympathique au-dessus du plexus solaire ; il lie l'aorte au-dessous du diaphragme , et, voyant les animaux se refroidir et mourir, il conclut que le grand-sympathique est l'agent de la calorification. La conclusion est-elle légitime? Tout en reconnaissant hautement l'utilité et l'importance des vivisections dans l'étude des fonctions du système nerveux, nous restons convaincus, avec l'auteur , que les phénomènes observés à la suite de pareilles mutilations ne peuvent jeter aucun jour sur la question de physiologie générale qui nous occupe.

Enfin de La Rive, en 1820, publia , dans la *Bibliothèque universelle de Genève* , une théorie qui eut peu de retentissement. On y attribue une origine électrique à la chaleur des êtres vivants. C'est une vue ingénieuse, mais qui manque de fondement, basée qu'elle est sur des hypothèses et sur une prétendue faculté isolante des nerfs.

L'auteur admet comme positive l'influence de l'innervation dans la production du calorique animal; mais c'est, dit-il, dans un autre ordre de faits et d'idées qu'il faut en chercher la démonstration. « Ce n'est point à l'appareil cérébro-spiral qu'elle appartient. Les nerfs de cet appareil, en empruntant à leur double origine leur double faculté, n'ont d'autre mission à remplir dans leur trajet que de dispenser à la fibre musculaire la faculté de se contracter, à toutes les parties de l'organisme la faculté de sentir. Ni les vivisections, ni les actes morbides, ni les lumières fournies par l'anatomie et la physiologie comparée, ne révèlent une action directe de l'appareil encéphalique sur la calorification. Un tel rôle, c'est au système nerveux ganglionnaire qu'il appartient tout entier. »

Cette idée n'est pas neuve. Déjà, en 1824, dans ses premières publications, M. Robert de Latour affirmait que la chaleur ne saurait être le produit d'une simple opération de laboratoire, et, bien que subordonné à des combinaisons chimiques plus ou moins saisissables, ce phénomène important devait certainement procéder d'agents spéciaux, toujours en exercice, et dont les animaux à sang chaud étaient seuls en possession; et il exprimait la pensée que les nerfs ganglionnaires étaient ces agents. Je me fonde, dit-il, sur ces deux faits principaux : 1°. que les animaux à sang froid en sont dépourvus; 2°. que, fidèles satellites du sang artériel chez les animaux à température propre, ces cordons nerveux enveloppent les vaisseaux dans lesquels chemine le fluide oxygéné, les suivent et les accompagnent jusque dans leurs dernières divisions, s'arrêtent là où ces vaisseaux finissent eux-mêmes, déshéritant ainsi de leur concours les veines et les tuyaux lymphatiques.

Cette opinion, nous le disions à l'instant, est partagée

par l'auteur, et, s'il suffisait du talent pour la faire accepter, le doute ne serait plus permis. Il affirme que le système ganglionnaire manque absolument chez les animaux invertébrés, et que ce qui a trompé certains anatomistes, c'est que l'appareil nerveux, alors qu'il commence à paraître au bas de l'échelle animale, est constitué par deux cordons qui règnent dans toute la longueur du corps et sont garnis de renflements à l'origine des nerfs, imitant ainsi les dispositions du système ganglionnaire des classes élevées. Et, s'appuyant de la grande autorité de Cuvier, il montre que plus on descend dans l'échelle animale, plus ce système diminue d'étendue, finissant même par disparaître pour laisser l'encéphalique seul maître de l'organisation. Puis, empruntant les expressions de M. de Latour, il ajoute : « Ce rôle de l'appareil nerveux ganglionnaire, il est difficile de l'appuyer de l'expérimentation : d'un côté, cachés profondément au sein de l'économie, les principaux centres de cet appareil se dérobent au scalpel du physiologiste ; et, d'un autre côté, formé de nombreux ganglions et de cordons multipliés à l'infini, qui s'unissent, se séparent, se divisent, se rejoignent et s'entrelacent de mille manières, il est protégé partout, dans ses fonctions, par une étroite solidarité de toutes ses parties. Ses diverses fractions se tenant ainsi les unes les autres, toujours par quelque point, déjouent les recherches les mieux combinées. »

Toutefois, M. Claude Bernard n'a pas été arrêté par cette difficulté, et a cherché à établir un rapport entre la chaleur animale et le nerf trisplanchnique. Il coupe chez un lapin le filet de communication des deux ganglions cervicaux, et il observe une augmentation de température de l'oreille, du côté correspondant; il

en conclut que le nerf grand-sympathique est l'antago-
niste des nerfs encéphaliques, reprenant ainsi une
opinion exprimée depuis long-temps déjà par M. Longet,
à savoir : que le système ganglionnaire est le mo-
dérateur du système cérébro-spiral. « Étrange idée,
ajoute l'auteur, que celle qui attribue à tout un système
de nerfs une action négative ! Comment comprendre un
appareil créé tout exprès pour empêcher un autre
appareil de fonctionner ? Si l'hypothèse est vraie, on
doit voir, chez les reptiles et les poissons où le nerf
trisplanchnique est rudimentaire, chez les invertébrés
où il n'existe pas, la chaleur dépasser de beaucoup le
degré qu'elle atteint chez les animaux supérieurs. Le
professeur du Collége de France a trop oublié les
nombreux rapports qu'entretiennent entr'elles toutes
les parties de ce système; l'action part de tous les
points, marche dans tous les sens, et couper un des
filets nerveux, loin d'abolir les fonctions de tout l'appareil, ce n'est peut-être que les exciter. » Dans notre
opinion, il faudrait autre chose que des raisonnements
pour renverser les expériences de M. Claude Bernard,
expériences conduites avec une si grande habileté et
une si complète connaissance de la question. Quoi qu'il
en soit, il reste un fait acquis : c'est l'intervention des
nerfs ganglionnaires dans la fonction calorisatrice. De
quelle nature est cette intervention ? De nouvelles recherches nous le diront sans nul doute un jour. Pour le
moment, nous ne saurions mieux faire, pour résumer
cette discussion, que de laisser encore la parole à
l'auteur. « C'est dans le système nerveux que réside la
puissance vitale sans laquelle ne pourraient s'accomplir
les phénomènes matériels d'où résulte directement la
chaleur animale. Lorsque vous introduisez dans un tube

de verre de l'hydrogène et de l'oxygène en proportions définies, vous obtenez un mélange, nullement une combinaison; mais, frappez d'une étincelle électrique ce mélange gazeux, à l'instant même la combinaison se réalise : les deux corps n'en font plus qu'un, c'est de l'eau; et avec ce changement d'état, se dégagent chaleur et lumière. Dans l'organisme animal, ce n'est plus l'étincelle électrique, mais bien l'étincelle vitale qui préside aux combinaisons chimiques génératrices de la chaleur; et cette étincelle vitale, c'est de la pulpe ganglionnaire qu'elle part, de la pulpe ganglionnaire qui se trouve ainsi chargée de régler le calorique animal, d'en accroître ou diminuer la mesure selon les besoins de l'économie. C'est là un trait-d'union entre les phénomènes physiques et les actes de la vie. »

Il est difficile, Messieurs, de mieux penser et de mieux dire.

Ce n'est pas tout : vainement le sang, à son passage par le poumon, se dégagera de son excès d'acide carbonique et s'enrichira d'oxygène; vainement la digestion versera ses produits dans le torrent circulatoire pour les offrir à l'action de l'oxygène: la combustion ne s'accomplira pas et la chaleur organique s'éteindra, si l'enveloppe cutanée de l'animal ne reste pas en communication directe avec l'air atmosphérique, ou tout autre fluide oxygéné. Au docteur Foucault appartient l'honneur d'avoir démontré ce fait par des expériences décisives. Il suffit d'enduire un animal à sang chaud, chien, lapin ou autre, d'une couche de résine ou simplement d'une couche d'huile, de manière à former avec la fourrure une sorte de feutre imperméable, pour

voir cet animal succomber en trois ou quatre heures,
après un abaissement progressif de sa température.
Répétée par Magendie, par M. Claude Bernard et par
d'autres physiologistes, cette expérience a toujours
fourni le même résultat. L'auteur pense que le refroidissement n'est pas ici l'effet de la mort prochaine,
comme dans les recherches de Brodie et de M. Chaussat;
qu'il n'est pas le résultat de la suppression de la transpiration cutanée, car c'est dès le début de l'expérience
que la température s'abaisse, exprimant de la sorte
que c'est bien le foyer même qui, tout à coup, s'est
éteint. Ici, ce n'est point dans le poumon que les
conditions de la production du calorique sont atteintes,
mais bien dans le réseau capillaire, là où s'exerce la
puissance toute vitale du système ganglionnaire; d'où
il faut conclure que c'est, sans doute, cette puissance
qui est compromise par l'abolition du rapport direct
de la peau avec l'air atmosphérique (1).

Pour nous, Messieurs, restons dans une sage réserve; s'engager plus avant dans cette voie d'inductions,
c'est courir le risque de s'égarer. Qu'il nous suffise de
savoir que l'action de l'oxygène sur les matériaux
combustibles du sang s'exerce surtout, sinon exclusivement, dans les capillaires généraux, et que cette
action ne peut être complète que sous l'empire de
l'innervation ganglionnaire et qu'à la condition de la
communication directe de la peau de l'animal avec le
milieu où il vit.

Il nous faut suivre maintenant l'auteur dans l'étude
de la température chez les divers animaux. Après avoir

(1) L'auteur, pages 68-69.

affirmé que les animaux inférieurs partagent d'ordinaire la température du milieu ambiant (proposition très-contestable), il étudie la chaleur chez les animaux supérieurs.

Il nous les montre, bien que n'échappant pas aux lois du rayonnement et de la conductibilité ; il nous les montre, disons-nous, possédant, et dans l'action nerveuse et dans l'exhalation de la peau, deux régulateurs qui fonctionnent en sens inverse : proportionnant, l'un la production du calorique à la dépense, l'autre la dépense à la production, de manière à maintenir une température toujours fixe ; s'appuyant sur les observations de Parry et de Back, sur les expériences de Lavoisier, de Delaroche, de Letellier, de Crawford, il constate que la combustion organique est toujours en raison inverse de la température extérieure. Il fixe la température de l'homme adulte, prise sous l'aisselle, entre 36°,50 et 37°,50. Ce sont les chiffres donnés par le professeur Gavarret. Il admet toutefois que la chaleur peut s'élever de deux degrés sans sortir des limites physiologiques ; et il explique, par cette latitude d'oscillation, les divergences de certains observateurs. Il pense que la température des enfants nouveau-nés est égale à celle de l'adulte ; et, si M. H. Roger a remarqué chez trente-trois enfants d'un à sept jours des différences de deux à trois degrés dans la température, cela est dû à ce que l'emmaillotement plus ou moins complet permettait une déperdition plus ou moins grande de calorique. Ce qui est certain, c'est que la température des enfants est d'autant plus influencée par celle du milieu ambiant, et que leur puissance de calorification est d'autant plus faible, qu'on les observe à une époque plus rapprochée de leur naissance. Bien plus, les plus vigoureux et les mieux constitués d'entr'eux présentent toujours une température supérieure à celle des sujets dont la complexion est moins forte. Il en est de même dans la vieillesse. Il résulte aussi des expériences de MM. Andral et Gavarret, citées par l'auteur, que non-seulement la combustion du carbone est en rapport avec la faculté de résister aux causes de refroidissement, mais encore que cette combustion et cette faculté se trouvent également modifiées dans leur mesure, par l'âge, le sexe et la constitution des sujets. Constatons qu'il est à regretter que la combustion de l'hydrogène n'ait pas été comprise dans ces expériences.

L'auteur étudie aussi l'influence du mouvement, de la contraction musculaire, du sommeil et de la veille sur la production de la chaleur animale; mais cette partie de son travail n'offre rien de saillant et qui mérite d'être signalé.

De toutes les influences extérieures, la plus puissante peut-être est celle de l'alimentation. Dans l'état actuel de la science, cette étude est loin d'être complète: elle pouvait donner lieu à des recherches nouvelles, et nous regrettons que l'auteur se soit contenté de nous offrir le tableau des expériences de Lavoisier, de MM. Chossat, Regnault et Boussingault. Nous aurons l'occasion de revenir sur cette question; qu'il nous suffise, pour le moment, de constater que la *nature* des aliments introduits dans l'économie n'a pas d'influence bien marquée sur la production de la chaleur animale, mais qu'il n'en est pas de même de la *quantité*. Lorsque les aliments sont complètement supprimés ou administrés en proportions trop faibles, l'animal est obligé de vivre à ses propres dépens, et la calorification est profondément modifiée. Privé de nourriture, il continue à

absorber de l'oxygène ; il brûle successivement ses
graisses, son sang, ses propres tissus ; la quantité de
chaleur produite est moindre qu'à l'état normal, assez
grande cependant pour maintenir sa température à un
degré élevé, et rendre le refroidissement très-lent ;
mais l'animal se détruit lui-même, pièce à pièce, et ses
forces s'affaiblissant, il arrive un moment où il a perdu
de trois à cinq dixièmes de son poids initial. Alors
l'élément combustible manque pour entretenir la fonction respiratoire ; la production de chaleur diminue
considérablement, le refroidissement prend une marche
très-rapide, la température tombe au-dessous du degré
nécessaire au jeu des organes : l'animal va mourir par
arrêt successif de toutes ses fonctions ; il va mourir de
froid, comme l'a dit M. Chossat. Mais, si alors, en même
temps qu'on lui présente des aliments, l'on rend artificiellement à ses organes cette température qu'il ne peut
plus leur donner lui-même, la vie, prête à s'échapper,
va reprendre son libre exercice, les fonctions leur régu-
larité, et l'animal, réparant ses pertes, remontera graduellement à son poids primitif. Ces considérations sont
dignes assurément de fixer l'attention des médecins,
et capables de fournir des indications thérapeutiques
importantes.

Les diverses parties du corps d'un même animal
n'ont pas toutes, vous le savez, la même température.
Elle va croissant à mesure que, de la peau, on pénètre
à l'intérieur, et qu'on s'avance des extrémités des membres vers leurs racines.

L'auteur le reconnaît en rappelant les observations
de Hunter, de Davy, de M. Becquerel. Quant à la température du sang dans les diverses régions, il rapporte
en entier les expériences de M. Claude Bernard. Ces

expériences ont pour nous un tel intérêt qu'il importe
d'en constater rapidement les résultats. Elles prouvent :
1°. que le sang se refroidit en traversant le poumon, et
que normalement la température des cavités gauches du
cœur est inférieure à celle des cavités droites ; 2°. qu'il
n'est pas exact de dire que le sang artériel est partout plus
chaud que le sang veineux : ainsi, le sang de la veine-
rénale est plus chaud que celui de l'artère ; 3°. que le
sang de la veine-porte, en un point quelconque de son
trajet avant son entrée dans le foie, est moins chaud que
celui des veines sus-hépatiques ; 4°. que le sang de ces
dernières veines est plus chaud que celui de l'aorte des-
cendante, immédiatement au-dessous du diaphragme.
L'auteur mentionne tous ces faits sans en tirer les conséquences ; pour le moment imitons-le, nous aurons
plus tard l'occasion de revenir sur ce sujet. Il étudie
ensuite la température des oiseaux, et il constate, avec
tous les physiologistes, que de tous les animaux ce sont
eux qui ont la température la plus élevée. Il se demande
quelle peut en être la cause. Leur appareil circulatoire
étant moins développé que celui des mammifères, ils
devraient, sous ce rapport, leur être inférieurs. C'est à
tort, comme nous le prouverons plus tard, qu'on in-
voque le volume considérable d'air introduit dans leurs
diverses parties.

« Travaillés du besoin de tout simplifier par une in-
flexible généralisation, des physiologistes, dit l'auteur,
ont effacé la ligne de démarcation que trace naturellement la chaleur organique entre les animaux supérieurs
et les animaux inférieurs ; et, accordant à ceux-
ci comme à ceux-là une température propre, ils n'ont
admis de différence que dans le chiffre plus ou moins
élevé du calorique dégagé. » S'appuyant d'expériences

faites par lui sur des carpes et des grenouilles, il affirme que la température de l'animal mort ou vivant s'est élevée ou abaissée suivant la température de l'eau, en empruntant ou en livrant du calorique au liquide jusqu'à *parfait équilibre.*

Ces expériences ne sont ni assez nombreuses, ni assez concluantes pour détruire celles de Czermack, de Rudolphi, de Dutrochet, de M. Becquerel sur les reptiles ; celles de Hunter, de Davy sur les poissons. La production de la chaleur chez ces animaux nous semble hors de contestation ; et chez eux, comme chez les mammifères et les oiseaux, les masses musculaires jouissent d'une température supérieure à celle des autres parties du corps. Seulement les circonstances extérieures ont ici une influence plus marquée, et leur température, au lieu d'être sensiblement constante, est sujette à des oscillations considérables, qui dépendent tout à la fois et du milieu dans lequel ils vivent, et du développement plus ou moins complet de leur organisation. Toutefois l'auteur, tout en refusant aux animaux inférieurs une température propre, ne leur refuse pas d'une manière absolue la faculté de produire de la chaleur. S'il y a dégagement de calorique, c'est un dégagement insensible ; c'est simplement un phénomène d'*érémacausie* ou combustion lente, que favorisent la division du sang et la porosité des tissus ; un phénomène en tout semblable aux phénomènes de combustion lente, qui s'accomplissent dans le monde physique. De telle sorte qu'il faudrait admettre deux degrés d'oxydation, l'un lent et obscur, commun aux corps inertes et aux corps organisés ; l'autre plus actif et plus complet, subordonné à l'action nerveuse, et qui reste le partage exclusif de la vie. **Tous les animaux** sont en possession du premier ;

l'animal supérieur a seul le privilége du second. Nous ne pouvons, je le répète, partager cette manière de voir ; les animaux inférieurs vivent , comme les animaux du premier groupe, d'une vie moins complète si l'on veut, mais ils vivent ; et les assimiler aux corps inertes , sous le rapport de la production de la chaleur, c'est produire une hypothèse inadmissible.

Cette hypothèse, l'auteur l'appuie sur une autre hypothèse ; mais celle-ci ne lui appartient pas : M. Robert de Latour en a tout le mérite. D'après ce physiologiste, la chaleur animale aurait pour principale destination d'assurer et de régler la progression du sang dans le système capillaire , « dans cet ensemble de tubes dont la ténuité défie le génie de l'optique, et dont la prodigieuse multiplicité confond toutes les hardiesses de la pensée. » Si on compare ce réseau aux tubes capillaires des animaux inférieurs, on le trouve infiniment plus étendu. La libre circulation du sang y est indispensable à la vie ; et si, par une cause quelconque, elle venait à y être interrompue, le cœur et les gros vaisseaux s'emplissant outre mesure, l'exercice régulier des fonctions cesse d'avoir lieu. Cette circulation capillaire ne peut donc pas être sous la dépendance de circonstances extérieures, mais bien au contraire sous la direction d'un régulateur constant, et ce régulateur ne peut être autre que la chaleur animale. Il n'en est plus ainsi chez les animaux à sang froid : l'intégrité de cette circulation n'est plus nécessaire à la vie, et par suite elle s'accomplit sous l'influence de circonstances variables. C'est la température extérieure qui la règle. Si, enchaîné par un froid rigoureux, le sang cesse de pénétrer dans les dernières divisions vasculaires, le cours du fluide ne se trouve nullement compromis. Mesurée à la capacité des organes circulatoires, la masse sanguine continue d'être en mouvement dans un rayon peu étendu à la vérité, mais suffisant pour entretenir la vie; et le liquide n'en retourne pas moins au cœur librement, car il trouve à s'engager dans des vaisseaux anastomotiques dont la destination est d'ouvrir une communication directe entre les artères et les veines et de sauvegarder ainsi la fonction circulatoire (1).

- Ces considérations, présentées avec un talent et une conviction dignes d'éloges, conduisent l'auteur à une théorie de la circulation. D'après lui, trois puissances dynamiques se partagent la progression du sang : la contraction du cœur qui précipite le liquide dans tout le système artériel; la température animale qui le fait cheminer dans le vaste réseau capillaire ; enfin, la respiration qui par les veines l'attire et l'entraîne jusqu'au cœur, où finit et commence le cercle à parcourir.

- Nous ne pourrions entrer dans la discussion de cette théorie sans sortir de notre sujet; il doit nous suffire d'affirmer qu'elle est plus ingénieuse que vraie. Poursuivons donc, et suivons rapidement l'auteur dans l'étude du sommeil hibernal. La cause de ce sommeil ressort, de toute évidence, de l'idée qu'il se fait de l'influence de la température extérieure sur la circulation capillaire. Lorsque l'état thermique de l'atmosphère ne suffit plus à la progression du sang dans les petits vaisseaux, les organes, privés de l'excitation qui résulte de la présence et du mouvement du liquide dans la trame des tissus, modèrent et suspendent leur action. Cela ne saurait être douteux pour les animaux inférieurs. Pendant la saison chaude, ils sont vifs,

---

(1) Robert Latour, page 11. — L'auteur, page 139.

alertes; ils jouissent de la plénitude de la vie; mais quand vient l'hiver, ils perdent leur vivacité; leurs mouvements sont plus lents; ils se retirent derrière des abris naturels ou artificiels pour se soustraire à l'impression directe du froid; et, passant bientôt d'une vie active à une vie obscure et latente, ils s'endorment, et tombent dans un engourdissement conservateur. Ils vivent aux dépens de leur propre substance; leurs fonctions sont languissantes, à peine sensibles, sans qu'aucune d'elles cependant soit entièrement suspendue. L'immense majorité des animaux qui composent les deux premières classes des vertébrés ne présente rien de semblable. Quelques oiseaux, il est vrai, comme les hirondelles, les corbeaux, les cailles, ont besoin de se soustraire à des variations trop considérables de température : ils émigrent et changent de climat à des époques déterminées de l'année. Dans la classe des mammifères et dans les ordres dont l'organisation est la plus parfaite, on trouve des espèces qui, aux approches de l'hiver, tombent dans un véritable état d'engourdissement, assez profond et assez prolongé, pour que, de la fin de l'automne au commencement du printemps, ils vivent complètement étrangers à ce qui se passe autour d'eux. Nous doutons que l'explication de l'auteur puisse s'appliquer au sommeil hibernal de ces animaux.

Dans la dernière partie de son mémoire, il étudie la chaleur animale au point de vue de la pathologie. Nous le disons à regret, cette partie nous a paru très-insuffisante, et cependant, à notre point de vue, c'était un magnifique sujet d'étude, d'autant plus intéressant que, sous ce rapport, la science est encore fort peu avancée, et qu'il y avait matière à des recherches nouvelles et utiles.

L'auteur ne fait guère que reproduire les opinions émises par M. Robert de Latour. Ces opinions découlent naturellement des prémisses posées. Que la chaleur animale dépasse dans un point ses limites physiologiques, et l'inflammation est produite. Le sang ne chemine point dans des tuyaux solides, sans élasticité, capables de résister à l'action dilatante du calorique; bien loin de là, ces tuyaux élastiques obéissent à la dilatation ou à la condensation dont le fluide qu'ils contiennent est l'objet sous l'influence de la chaleur. Du moment que celle-ci est en excès dans un point, l'équilibre est rompu; les vaisseaux sanguins qui s'y distribuent augmentent de calibre sous l'empire de la dilatation du liquide, et les colonnes qui se succèdent fortes dans ces tubes progressivement élargis, s'y dilatent en vertu de la circulation, admises de plus en plus, chacune à son tour, jusqu'à ce que la résistance des parois vasculaires distendues puisse balancer l'action dilatante du calorique, ou que, cédant enfin, ces parois se déchirent et laissent échapper le sang dans la trame des tissus; témoignage trop certain de désorganisation. Est-ce à dire que toute congestion sanguine se rattache nécessairement et uniquement à la chaleur? Non, la circulation du sang s'accomplit sous des conditions diverses; et chacune de ces conditions peut, en déviant, apporter sa part de troubles dans la fonction. Mais ces troubles, c'est à tort qu'on les impute à l'inflammation, et qu'on donne, comme appartenant à cet acte morbide, des faits qui lui sont complètement étrangers et qui se sont accomplis chez des animaux qui n'en sont pas même susceptibles (1). Cette théorie toute physique de

(1) R. de Latour, page 20.

l'inflammation ne nous semble point admissible. L'inflammation est un acte bien autrement complexe que
ne le pense l'auteur. Qu'il y ait dans une partie enflammée augmentation de chaleur, tout le monde
l'admet; mais cette augmentation n'est-elle pas bien
plutôt un effet qu'une cause? N'est-elle pas seulement
un des éléments de la maladie?

Si la calorification s'est exaltée dans l'économie entière; si toutes les parties du corps, tous les points de
l'organisme, prennent part à cette exagération; si,
précipitant son cours dans le réseau capillaire général,
le sang afflue de tous côtés au cœur, et si cet organe,
sollicité, pressé en quelque sorte par ce rapide courant,
pousse dans les artères des flots de liquide sous lesquels
le pouls acquiert plénitude, force et fréquence, c'est la
fièvre. Et tel est le rôle de la chaleur animale que, par
son ascension, non-seulement elle précipite le cours
du sang, mais encore en rompt la normale répartition;
de telle sorte que, parvenue à ses dernières limites,
elle pousse tout le liquide dans les capillaires dilatés,
et laisse à peine dans l'artère un mince filet, insaisissable
et dernier vestige d'une fonction qui s'éteint (1).

De tout temps, Messieurs, on a, en effet, reconnu
que la chaleur du corps était accrue dans l'état fébrile,
que celui-ci fût sous la dépendance d'une phlegmasie,
ou qu'il constituât à lui seul toute la maladie, comme
dans les exanthèmes et les fièvres essentielles. Mais
nous ignorons entièrement la relation qui existe entre
le trouble de la calorification et les maladies dont il
est l'élément fondamental, ou le symptôme. Dans les
fièvres essentielles, aucune lésion du solide ou des

(1) L'auteur, page 161.

liquides ne peut expliquer son développement; nous ne sommes pas plus avancés quand nous pouvons découvrir une altération d'organe, comme dans l'inflammation. Dire que le trouble de la calorification est l'effet de l'accélération de la circulation qui l'accompagne d'une manière si constante, c'est hasarder une hypothèse dont rien ne prouve la vérité. D'ailleurs, il reste toujours à trouver la cause de l'acte pathologique initial. Il est impossible de savoir si l'augmentation de la chaleur est cause du trouble de la circulation, ou si ce trouble précède et provoque la lésion de température. Nous concevons qu'on incline vers la première hypothèse; mais on ne peut rien décider à cet égard (1).

Laissant de côté la théorie, voyons ce qu'apprend l'expérience. De combien de degrés la température peut-elle s'élever dans les fièvres? Elle s'est rarement élevée au-dessus de 41°,3; ce qui suppose, à peu de chose près, une ascension de 4 degrés; et ce point maximum, c'est dans les fièvres essentielles parvenues à une haute gravité qu'il s'est montré. Dans la fièvre symptomatique d'une phlegmasie, il atteint rarement 39°,5. Aussi, dit l'auteur, défiez-vous de l'élévation exagérée du thermomètre lorsque se présente à vous une inflammation locale, pneumonie, pleurésie, méningite ou autre; une pyrexie essentielle marche ici de pair avec cette affection, ou plutôt la domine et la commande; et cette pyrexie n'est autre qu'une fièvre intermittente pernicieuse, le plus souvent sans intermittence. Il cite, à l'appui de son opinion, trois observations recueillies par lui.

(1) Monneret. — *Pathol. gén.*

Nous pensons, Messieurs, que si l'auteur eût étudié la question d'une manière plus complète et plus rigoureuse, il eût été moins tranchant dans ses affirmations. Des quelques faits qu'il cite, et dont nous acceptons l'authenticité, conclure qu'il doit en être toujours ainsi, c'est s'exposer à de graves erreurs. Le diagnostic est plus difficile qu'il ne semble le croire, et tirer une indication thérapeutique d'une simple élévation de température, c'est laisser de côté des données importantes. Nous croyons qu'il ne faut pas attacher une valeur exagérée à ces variations de température, puisqu'on les rencontre dans les espèces différentes qui constituent les pyrexies. Ainsi, dans la fièvre intermittente simple, la température s'élève graduellement pendant les stades de frisson, de chaleur et même de sueur, de 37 à 44 et même 42°. Dans la fièvre typhoïde, les chiffres 39 et 40 se voient fréquemment, surtout dans la forme ataxique grave et à mesure que la maladie fait des progrès. Nous l'avons vue à 40°. dans l'érysipèle de la face ; à 40 et 41°. dans la pneumonie et le rhumatisme. Toutefois, nous reconnaissons que l'élévation de température est un élément de diognastic dont il est important de tenir compte.

C'est encore une étude instructive de rechercher si l'accroissement de chaleur dans les inflammations est proportionnée à la lésion locale. Qu'il nous suffise de dire que, pour nous, c'est bien moins l'étendue des lésions que la nature même de l'affection qui concourt à élever la température. La chaleur fébrile n'est pas solidaire de l'altération matérielle du solide, on ne peut établir de relation exacte entre l'une et l'autre ; elle ouvre et ferme souvent la scène pathologique avant qu'aucune lésion ne se soit manifestée, ou lorsque celle-ci n'existe plus depuis long-temps.

Quelle peut être aussi la cause de l'accroissement de la chaleur dans certaines maladies chroniques? Ne doit-on pas la chercher dans l'altération du sang par un produit morbide hétérologue, tel que le pus, les matières sceptiques, virulentes, ou tuberculeuses?

Quel est le rôle de la chaleur animale dans les phénomènes de réparation qui s'accomplissent dans l'organisme?

Questions importantes, que l'auteur n'a même pas posées! Il signale, il est vrai, la diminution générale de la température dans certains cas; mais ici encore il est fort incomplet. Il est cependant un groupe de maladies dans lesquelles il y a affaiblissement très-réel de la calorification, et il pouvait être l'objet d'intéressantes études. L'observation démontre que, tandis que la température peut s'élever de 5° sans que la vie soit nécessairement compromise, elle ne peut au contraire s'abaisser que très-faiblement sans danger sérieux. On ne trouve cet abaissement, comme élément primaire, que dans deux maladies : le choléra-morbus et le sclérème. On a cru qu'il était considérable dans la première de ces maladies, il est au contraire très-minime; prise au creux de l'aisselle, la température ne s'abaisse que de 1 à 3° au plus, tandis que, il est vrai, le refroidissement des extrémités peut aller à + 23 ou 25°. Dans le sclérème on trouve 27 et même 25° dans l'aisselle; le jeune malade ressemble, pour ainsi dire, à un animal à température variable, puisque sa chaleur n'excède que de quelques degrés celle du milieu ambiant.

L'algidité portée à un moindre degré se montre encore chez les nouveau-nés qui ne sont pas à terme ou qui ont tous les signes de la faiblesse congénitale; chez ceux qui sont mal nourris, qui reçoivent une alimentation grossière et indigeste; chez ceux enfin qu'on abandonne à eux-mêmes, et qui restent immobiles dans la position horizontale sans être suffisamment protégés contre le froid extérieur.

La respiration et la circulation se ralentissent d'une manière parallèle et dans la même proportion que la température s'abaisse. Ce ralentissement est-il la cause ou l'effet de la diminution de la chaleur? Tout porte à croire que la lésion de la calorification est le point de départ de tous les accidents ultimes.

D'un autre côté, il est des maladies purement locales qui, sans abaisser la température centrale, la modifient dans un point donné de l'organisme. Ainsi, la ligature de l'artère principale d'un membre, la ligature ou la section d'un nerf déterminent l'affaiblissement considérable de la calorification dans les parties situées au-dessous de cette ligature. Toutefois, quant à ce dernier point, les expériences de M. Claude Bernard ne sont pas confirmatives de cette assertion.

Dans un dernier chapitre, l'auteur démontre que, de l'étude attentive des modifications de la chaleur animale, la thérapeutique peut tirer des avantages directs, et que ces avantages prouvent que la place de la physiologie est partout dans la médecine. « La physiologie, n'est-ce pas, en effet, la raison de la médecine ? Celle-ci ne s'affranchira de l'empirisme, qui depuis si long-temps l'asservit et l'abaisse, et ne dépouillera cette vieille robe d'enfance restée presque intacte ; elle ne s'élèvera au degré de splendeur et de virilité qu'elle doit ambitionner, que du jour où, sous le regard de la physiologie, elle fouillera les mystères les plus profonds de l'organisme pour en surprendre les lois (1). » Or, parmi les faits physiologiques signalés

(1) R. de Latour.

par l'auteur, il en est deux qui sont corrélatifs et qui
l'ont surtout frappé, à savoir : d'un côté, l'action de
l'air sur la peau, comme condition indispensable de
la calorification, et de l'autre, l'exagération de cette
fonction, comme cause et principe de l'inflammation.
De là, cette conclusion que, si l'on garantit du contact
de l'air une partie enflammée, on éteint l'affection
dans son élément constitutif et essentiel. Il montre
alors, avec M. Robert de Latour, les résultats merveilleux
obtenus dans les maladies inflammatoires par les en-
duits imperméables et, entr'autres, par le collodion
riciné. Rationnelle, dit-il, quand l'inflammation est
extérieure, la médication isolante ne l'est pas moins
quand l'inflammation est intérieure. Ainsi guérissent
la pleurésie, l'ovarite, la péritonite, tout aussi bien
que l'érysipèle et le phlegmon. Il ne s'étonne que d'une
chose, c'est qu'un traitement si simple ne soit pas
plus souvent employé. Pour nous, Messieurs, nous ne
partageons pas son étonnement : l'inflammation, tout
en constituant une entité morbide, est formée d'éléments divers. Pour qui sait la comprendre, elle est
tout à la fois maladie locale et maladie générale ;
maladie du solide et maladie du sang ; elle se révèle,
et par des symptômes locaux et par des symptômes
généraux ; la faire consister dans un simple trouble
de la calorification, c'est commettre une singulière
erreur, et c'est s'exposer à de cruelles déceptions
que de la combattre toujours et partout par un même
modificateur de la circulation capillaire. Il est cependant juste de dire que l'auteur veut encore qu'on ait
recours quelquefois à la médication réfrigérante. Dé-
penser par l'application du froid l'excès de calorique
qui se produit dans une partie malade, c'est là, sans

nul doute, une idée rationnelle et qui a trouvé souvent son utile application. Priessnitz, cité avec éloges, a ouvert, en effet, une voie nouvelle, et ses expériences ont été le point de départ d'une méthode thérapeutique appelée à rendre de véritables services, si on sait les maintenir dans d'étroites limites.

Nous avons fini l'examen de ce mémoire. Vous nous pardonnerez, Messieurs, les détails dans lesquels nous sommes entrés ; ils nous étaient imposés par l'importance même du travail, par les exigences d'une critique consciencieuse, et aussi par la nécessité où se trouvait votre Commission d'examiner des questions qui, pour la première fois, étaient soumises à son appréciation.

Le mémoire n°. **4** porte pour épigraphe cette pensée de Sénèque :

Multum egerunt qui ante nos fuerunt, sed non peregerunt ; suscipiendi tamen sunt, et ritu Deorum colendi.

C'est un immense travail, fruit de longues et consciencieuses études. Esprit calme et modéré, ennemi de l'hypothèse, l'auteur sait que, dans les sciences, les théories et les doctrines doivent avoir pour base et pour appui les faits et l'expérience. Résumé complet de tout ce qui a été écrit sur la chaleur animale, le mémoire se distingue bien plutôt par l'érudition que par les recherches originales. D'un style simple et correct, il nous laisse regretter plus d'une fois qu'on ne se soit pas conformé à ces sages préceptes de Condillac, placés en tête de l'introduction : « En composant un ouvrage, on doit éviter les longueurs, parce qu'elles

lassent l'esprit ; les digressions , parce qu'elles le dis-
traient ; les divisions et les sous-divisions trop fré-
quentes , parce qu'elles l'embarrassent , et les répé-
titions , parce qu'elles le fatiguent. »

De nombreux tableaux sont intercalés dans le texte.
« Si , en les parcourant , le lecteur assiste , pour ainsi
dire, aux recherches ; s'il peut d'un coup-d'œil comparer
la différence des résultats , suivre la généralité d'un
phénomène et ses modifications chez des individus
d'espèces et de classes différentes , » il n'en est pas
moins certain cependant qu'ils nuisent à l'intérêt
de l'exposition. Il eût été préférable , à notre avis,
d'imiter Edwards , cité par l'auteur , et de les reporter
à la fin de l'ouvrage , sous forme d'appendice.

Médecin , physiologiste avant tout , l'auteur a invoqué
le secours de la physique et de la chimie ; mais à la
condition , dit-il , de tenir compte du caractère distinc-
tif , fondamental , qui sépare les corps vivants des corps
bruts ; et de se rappeler qu'il ne suffit pas qu'une expérience physiologique soit irréprochable au point de
vue chimico-physique, extérieur ou purement expéri-
mental , parce que ces conditions d'extériorité, qui im-
portent tant au physicien et au chimiste, sont d'une
importance relativement faible pour le physiologiste.
Il est loin de rejeter toute application des sciences
physiques à l'explication des phénomènes de la vie ;
mais il veut , avec juste raison , qu'on cherche avant tout
à ne pas sacrifier l'élément physiologique, et qu'on
tienne compte des conditions organiques dont l'influence
est si grande , bien que nous n'ayons pas encore pu
pénétrer avec nos instruments dans ce milieu intérieur
de l'être vivant , qui constitue son activité vitale
spontanée.

Le mémoire est divisé en trois sections. La première section comprend l'étude des phénomènes généraux de la chaleur animale et des modifications qu'elle subit sous l'influence des divers agents. La section deuxième est consacrée à l'historique. Dans la troisième, l'auteur expose et justifie sa théorie de la chaleur.

SECTION 1re. — § 1er. — L'auteur pose d'abord en principe que, depuis l'homme jusqu'au dernier zoophyte, depuis la plante la plus parfaite jusqu'au végétal le plus simple, l'être vivant, pris dans les conditions physiologiques de son existence et de son développement, se montre toujours doué d'une température supérieure à celle de l'air ou de l'eau qui l'entoure. Mais, se bornant aux termes de votre programme, il veut seulement prouver que tout animal vivant produit de la chaleur. Chez l'homme, chez les mammifères et chez les oiseaux, le fait est tellement évident qu'il n'a pas besoin de démonstration. Il n'en est plus ainsi chez les animaux inférieurs, et l'auteur croit utile de placer sous les yeux, et sous forme de tableau, les nombreuses expériences de Davy, de Rudolphi, de Dutrochet, de Newport, de Czermack, de Becquerel; expériences qui toutes démontrent que la production de la chaleur est un fait général et sans exception dans l'animalité. Si, dans certains cas exceptionnels, la température de l'animal est la même que celle du milieu ambiant ou inférieure à ce milieu, il faut admettre que certaines causes perturbatrices sont venues masquer, d'une manière plus ou moins tranchée, la source de chaleur dont l'action n'est cependant jamais complètement suspendue.

L'auteur fait preuve, dans cette partie de son travail, d'une grande érudition; mais était-ce bien le lieu, alors

qu'il s'agissait d'un fait qui aujourd'hui n'est guère
contesté ?

Dans le § 2 , il étudie les phénomènes généraux de la
chaleur chez l'homme. Il admet, avec MM. Andral et
Gavarret, que la température moyenne de l'homme est
de 37°; le résultat de recherches assez nombreuses ,
entreprises par lui , donne cependant un chiffre un peu
plus élevé. Il étudie comparativement la température
du sang artériel et celle du sang veineux : dans un
premier tableau, il nous montre les auteurs qui ont toujours trouvé le sang artériel plus chaud que le sang
veineux ; dans un second tableau, ceux qui sont arrivés
à un résultat opposé. Ces résultats contradictoires, il les
explique par les circonstances mêmes de l'expérimentation, circonstances qui varient selon les observateurs.
Il est ainsi amené à faire connaître les curieuses recherches de M. Claude Bernard. Vous les connaissez ;
l'auteur n'y a rien ajouté , il les accepte sans vérifica-
tion et sans critique.

Les paragraphes consacrés à l'étude des influences
physiologiques sur la production de la chaleur : race ,
âge, sexe, ne présentent rien de nouveau, digne de
fixer votre attention. Un mot seulement de l'incubation.
L'auteur cite les expériences de Hunter et l'observation si connue et si curieuse de M. Valencienne sur une
femelle de serpent python. Cette observation tend à
prouver que , pendant l'incubation , les animaux produisent plus de chaleur qu'à l'état normal, et que certaines espèces d'ophidiens couvent réellement leurs
œufs. Nous ferons remarquer que c'est là un fait
unique dans la science, et qu'il y a peut-être témérité à
conclure trop vite. — Les expériences de MM. Beaudri-
mont et Martin Saint-Ange prouvent, d'un autre côté,

que pendant l'incubation les œufs respirent comme les animaux, c'est-à-dire absorbent de l'oxygène et exhalent de l'eau, de l'acide carbonique et de l'azote. Produisent-ils de la chaleur ? Ont-ils une température propre ? C'est un point de physiologie qui n'est pas encore complètement éclairci.

Le *repos* et le *mouvement* ont aussi une influence sur la température des animaux. L'auteur l'admet avec tous les physiologistes, et nous passerions sous silence cette partie de son travail s'il n'était nécessaire, à notre avis, de faire nos réserves sur une expérience de Newport. Cet observateur affirme avoir constaté, dans une ruche dont les abeilles étaient en mouvement, une température de $+ 38°$, alors que le thermomètre ne marquait à l'extérieur que $+ 1°,39$. Est-il réellement possible d'admettre qu'une telle somme de calorique ait été produite directement par ces animaux eux-mêmes ? La quantité de chaleur produite étant en rapport direct avec la quantité d'oxygène consommée, quelle a dû être la consommation de ce gaz pour produire et soutenir un tel état thermique ?

N'est-il pas plus rationnel d'admettre, avec l'auteur du mémoire précédent, que les abeilles, vivant dans un espace limité où se réunissent leurs excrétions, fournissent tous les éléments d'une active fermentation, bien capable d'entretenir une température supérieure à celle de l'atmosphère ; et que les produits gazeux de cette fermentation, mis en mouvement par l'agitation des animaux, communique à la ruche entière un surcroît de chaleur ?

Avant de rechercher le rôle du système nerveux dans l'acte de la calorification, l'auteur se demande si l'Académie, qui a appelé l'attention d'une manière spéciale sur ce sujet, n'a pas tendance à admettre la théorie de Brodie et de M. Chossat. Vous savez, Messieurs, l'opinion de votre Commission. Nous regardons les phénomènes chimiques comme nécessaires, indispensables; mais nous croyons le problème plus complexe qu'on ne l'a pensé. Le système nerveux a ici une influence réelle, incontestable; tous les actes des êtres organisés nécessitant le concours des forces générales de la nature et des forces spéciales de la vie. L'auteur, sans se prononcer dès maintenant sur le rôle du système nerveux, se borne à rappeler les expériences de M. Claude Bernard. Il eût été à désirer qu'on discutât ces expériences et qu'on en montrât toute l'exactitude.

Après l'étude des influences physiologiques, vient celle des influences extérieures. En première ligne se place l'alimentation. Le travail ne contient encore ici rien de neuf. On se borne à dire que la nature du régime alimentaire n'a qu'une influence très-secondaire sur la production de la chaleur. Cela est vrai; mais ce qu'il était important de faire comprendre, c'est pourquoi cela est vrai. Comment comprendre, en effet, que l'animal *herbivore*, qui consomme dans un temps donné une beaucoup plus forte somme d'aliments que le *carnivore*, n'ait pas une température plus élevée?

Un examen approfondi permet de donner cette explication. Le pouvoir calorifique des aliments dépend, en effet, de la quantité et de la nature des éléments combustibles que, sous un poids donné, on introduit dans l'économie. Or, sous ce rapport, les principes immédiats peuvent être divisés en plusieurs groupes. Ainsi les principes immédiats, qui dans l'alimentation végétale forment la presque totalité des matériaux combustibles, ne livrent réellement à la combustion respiratoire que

40 à 44 °/₀ de carbone ; tandis qu'au contraire les matières ternaires qui entrent dans le régime des carnivores fournissent à la combustion 79 °/₀ de carbone. De telle sorte que si les animaux soumis au régime de la viande consomment dans un temps donné une moins forte somme d'aliments que les herbivores, ces aliments ont, d'un autre côté, un pouvoir calorifique plus considérable. Ajoutons, d'autre part, qu'ils brûlent une plus forte somme de matières albuminoïdes et les brûlent plus complètement (1).

Les recherches de MM. Boussingault et Liébig ont prouvé que les excréments et les urines des carnivores contiennent plus d'azote et moins de carbone que ceux des herbivores. Enfin, M. Claude Bernard a démontré que, chez les animaux soumis exclusivement au régime de la viande, le foie transforme en sucre une partie des substances albuminoïdes fournies par la digestion, et prépare des combustibles à l'économie, lorsque les matières alimentaires n'en contiennent pas en assez forte proportion. Ces considérations expliquent pourquoi certains animaux passent, sans intermédiaire et sans inconvénient, d'un régime exclusivement végétal à une alimentation composée de substances empruntées au règne animal.

La chaleur des animaux est-elle indépendante, d'une manière absolue, des variations de la température ambiante ? L'examen de cette question a donné lieu à de nombreux travaux ; l'auteur les résume avec un soin remarquable : il a lu tout ce qui a été écrit sur ce sujet. Vous le savez, Messieurs, tant que la température ambiante reste dans certaines limites, les animaux supérieurs

(1) Gavarret, page 388.

mettent leur organisme en harmonie avec les conditions
thermiques du milieu qui les entoure; ils activent ou
ralentissent l'intensité des combustions à mesure que la
température s'élève ou s'abaisse autour d'eux. Mais en
est-il ainsi alors que cette température devient
excessive, soit en plus, soit en moins? Les observations
de Tillet, de Fordyce, de Dobson, de Franklin, de
Berger et de Delaroche démontrent que l'homme et les
animaux supérieurs peuvent résister à des températures
qui dépassent de plusieurs degrés leur chaleur propre,
et sans que celle-ci subisse de notables modifications.
Cette résistance a des limites et dépend de certaines
conditions spéciales. Ainsi, tandis que dans l'air sec
Berger peut supporter une température de 109°, Delaroche ne peut rester que 10 minutes 1/2 dans un bain
de vapeur dont la température s'éleva graduellement
de 37° à 51°,25. Dans l'eau liquide, la résistance est
moindre encore. Lemonnier ayant voulu essayer l'eau
d'une source de Barèges à 44°, de violents étourdisse-
ments le forcèrent, au bout de 8 minutes, à sortir du
bain. C'est qu'en effet la résistance de l'homme à
l'échauffement, dans les divers milieux à haute température qui l'environnent accidentellement et passagère-
ment, est en raison inverse de la quantité de chaleur
que le milieu peut lui céder dans un temps donné, et
en raison directe de la quantité de vapeur qui, dans le
même temps, peut se former à la surface de la peau et
des voies respiratoires (1).

Pour les animaux de toutes les classes, il est une
limite supérieure que la température de leurs corps
ne peut atteindre, même momentanément, sans que

(1) Gavarret, page 456.

leur vie soit sérieusement menacée. Cette limite, pour l'homme, est aux environs de 45° centigrades.

Chez l'homme, l'organisation fournit bien plus de ressources pour se défendre long-temps et avec succès contre des températures extérieures très-basses, que pour supporter l'influence d'une atmosphère dont la température dépasse d'un grand nombre de degrés celle de son propre corps. Cette force de résistance aux causes de refroidissement est suffisamment prouvée par les relations de voyages vers les régions polaires, pendant lesquels l'homme a pu vivre dans une atmosphère de 70° au-dessous de zéro sans éprouver de changement notable dans sa température. Ici encore l'état de l'atmosphère joue un grand rôle. Les compagnons du capitaine Parry supportaient facilement une température de 17° au-dessous de la glace fondante, quand ils se promenaient à l'air libre par un temps calme. Il n'en était plus de même si l'air était agité : ils souffraient du froid lorsque la température n'était qu'à 7°. Ce que nous venons de dire de l'homme s'applique aux animaux supérieurs.

Il y a plus : certains vertébrés peuvent, sans mourir, éprouver une véritable congélation. En Islande, pendant l'hiver de 1828 à 1829, M. Gaymard plaça des crapauds dans une boîte remplie de terre, et les exposa en plein air à l'influence de la température extérieure. Au bout de quelque temps on ouvrit la boîte, ils étaient durs et raides comme des cadavres gelés; toutes les parties de leur corps étaient inflexibles et cassantes. Placés dans de l'eau légèrement chauffée, ils recouvrèrent la flexibilité de leurs membres, et en dix minutes ils revinrent complètement à la vie.

De ce que l'homme et les animaux supérieurs

peuvent résister à des températures *excessives* sans
que leurs fonctions en soient profondément atteintes
et leur vie compromise, il ne faudrait pas cependant
conclure que leur état thermique n'éprouve aucune
modification. C'est ce que l'auteur tend à prouver, en
rappelant les observations de Davy et de de Blainville.
L'oscillation qui se produit par le passage d'un climat
froid à un climat chaud, ou réciproquement, est très-
limitée. Ainsi, la température moyenne donnée par
des hommes observés au cap Horn, par 59° latitude sud
et par une température extérieure de 0°, ne présente
qu'une différence approximative d'un degré avec la
moyenne donnée par les mêmes hommes dans le
Gange, près de Calcutta, par une température extérieure de + 40°. Nous savons, d'un autre côté, que
les peuples du Nord ont une chaleur propre sensiblement égale à celle des peuples du midi ; cela tient
en partie à ce que l'homme introduit, suivant les climats qu'il habite, des modifications dans son alimentation, modifications qui l'aident à maintenir] la production de chaleur en harmonie avec les exigences
des conditions extérieures. Ainsi, à mesure que la
température s'abaisse autour de lui, il consomme
instinctivement de plus grandes quantités d'aliments
combustibles, et les choisit parmi ceux dont le pouvoir
calorifique est le plus élevé.

Nous arrivons avec l'auteur à un des points les plus
importants du sujet : l'influence des états pathologiques sur la température du corps. Celui qui aurait
parcouru ce vaste champ, presque vierge de toute exploration, aurait recueilli, nous n'en doutons pas, une
foule de documents du plus haut intérêt, et aurait
enrichi la thérapeutique et la pathologie d'une histoire

complète de la température animale, dont les premières pages sont, sous ce rapport, à peine ébauchées. Nous pouvions espérer qu'un observateur habile se serait emparé de ce sujet, et aurait fondé, sur des expériences nombreuses et positives, les lois qui régissent la calorification humaine dans l'état de maladie. Notre espoir n'a pas été rempli.

L'auteur a cependant compris toute l'importance de cette étude ; mais il a été distrait, dit-il, des recherches qu'il avait entreprises par d'autres travaux, et il a dû se contenter d'exposer les faits acquis à la science. Il l'a fait, du reste, avec exactitude et clarté. Nous sommes entré déjà dans des détails assez étendus pour qu'il nous soit permis à nous-même de ne pas insister. Il résulte des expériences faites par MM. Becquerel et Breschet, au moyen des aiguilles thermo-électriques, que, dans les maladies, la température du corps peut augmenter, diminuer ou rester stationnaire. Elle augmente toujours dans l'état fébrile, quelle que soit la forme qu'il affecte. Pendant le frisson de la fièvre intermittente, il y a même augmentation de chaleur. Si on a cru pendant long-temps, et si quelques-uns croient encore aujourd'hui qu'il en est autrement, cela tient, d'une part, à ce qu'on s'en est toujours rapporté aux sensations des malades ; et, d'autre part, à ce que la conviction des médecins était tellement forte à cet égard qu'ils ont jugé inutile l'emploi du thermomètre. Les observations de Dehaen et celles, plus récentes, de M. Gavarret ne laissent plus de doute à cet égard.

Dans toutes les pyrexies et dans les phlegmasies, la température du corps est donc toujours plus élevée que dans l'état normal ; nous avons insisté déjà sur ce fait, nous ne voulons point y revenir ; indiquons seulement les conséquences séméiotiques et thérapeutiques qui en découlent. Ainsi, au point de vue du diagnostic, nous avons là une donnée importante qu'on serait coupable de négliger. Supposez, par exemple, qu'on n'ait pu découvrir l'existence d'une phlegmasie chez un sujet qui a une très-forte chaleur : on doit alors songer à une fièvre essentielle ou à quelqu'une de ces maladies organiques qui détruisent sourdement les viscères, entretiennent l'inflammation et causent la fièvre symptomatique. L'accroissement de température peut aussi servir au pronostic. Est-il considérable, dans les pyrexies essentielles, la fièvre thyphoïde, par exemple : l'état est grave ; dans les phlegmasies, il doit faire croire aux progrès de l'inflammation et en même temps faire craindre quelque suppuration. Y a-t-il possibilité qu'il y ait pénétration de liqueur sceptique ou purulente dans la circulation : la chaleur fébrile quotidienne est d'un funeste présage.

Si l'élévation de la température est fréquente dans les maladies, la réfrigération générale est au contraire un phénomène très-rare ; il a fourni quelques données thérapeutiques d'une grande importance. N'est-ce pas lui qui a conduit les médecins à employer d'une manière si énergique et si continue le calorique dans le traitement du choléra ? Les bains d'eau très-chaude ou de vapeur, l'usage, à l'intérieur, de boissons chaudes aromatiques et stimulantes et de tous les médicaments destinés à exciter la vie dans les capillaires, ont-ils d'autre but que de s'opposer à un mortel refroidissement ? Vous comprenez, Messieurs, que notre rôle n'est pas d'examiner toutes ces questions dans leurs détails ; nous devons nous contenter de montrer la voie qui était ouverte et de regretter qu'on ne s'y soit pas engagé.

La répartition inégale de la chaleur dans les maladies est aussi un sujet fécond, peu connu, et qui ré-
clame de nouvelles recherches. Les élévations partielles
de température sont incontestables ; mais elles ne sont
jamais considérables, et ne dépassent pas la température générale. Quand on se sert du thermomètre,
on est tout étonné de la légère différence qui existe
entre une partie enflammée et une partie saine,
bien que le malade accuse une sensation intolé-
rable de chaleur. Un fait qui nous a frappé plus
d'une fois, c'est que la circulation ayant été interrompue, par une cause quelconque, dans un
gros tronc veineux d'un membre, la chaleur y augmente sensiblement du moment que les vaisseaux su-
perficiels se dilatent pour suppléer la veine profonde.

Le dernier § de la section 1re. est consacré à
l'étude de l'influence des agents médicamenteux.
C'est certes là, Messieurs, une des questions les plus curieuses et de laquelle doit découler le plus de notions
thérapeutiques. La science ne possède que quelques
travaux sur cette matière. L'auteur le reconnaît et,
au lieu de chercher à combler la lacune, il se con-
tente de rapporter brièvement et d'une manière in-
complète ce que tout le monde sait sur ce sujet.
Il met sous les yeux du lecteur les expériences de
MM. Duméril, Demarquay et Lecomte ; il passe en
revue avec eux l'action des excitants, des évacuants,
des sédatifs, des altérants et des stupéfiants. Les expériences ont été faites sur des animaux, des chiens le
plus souvent ; or, sans nier l'utilité de pareilles expérimentations, nous devons avouer que pour nous les
résultats auraient une tout autre valeur, si elles avaient

l'homme pour sujet. D'un autre côté, pour qui sait la
difficulté de ces expériences, le soin, l'habitude, la réserve qu'elles exigent de la part de l'expérimentateur,
nous craignons que les conclusions ne soient pas complètement justifiées ; de nouvelles études sout nécessaires.

Enfin, des deux plus puissantes modifications de la
chaleur animale, le froid et le chaud appliqués artificiellement et momentanément, l'auteur ne dit pas un
mot.

SECTION 2. — § 2. *Historique.* — Notre science, Messieurs, est associée d'une manière trop intime aux autres parties des connaissances humaines pour que
toutes les fluctuations que celles-ci éprouvent ne se fas-
sent pas immédiatement sentir sur elle. Elle profite de
toutes les vérités que découvre l'intelligence humaine ;
elle s'arrête ou recule quand les préjugés et les fausses
doctrines entravent son essor. La question qui nous occupe nous montre dans tout son jour cette influence ré-
ciproque. Pâle reflet du système médical de l'antiquité,
expression erronée des idées chimiques et mécaniques
du XVIIe. siècle, la théorie de la chaleur animale man-
quait de base, lorsqu'à la fin du XVIIIe. siècle, le libre
examen, fortifié par une critique puissante qui s'exerça
sur toutes les matières, replaça les sciences dans le
sillon que Bacon leur avait tracé. A la suite des fonda-
teurs de l'Encyclopédie, d'illustres savants, dont la
France s'honore, viennent à leur tour nous montrer
quel puissant appui les sciences physico-chimiques peuvent prêter à la physiologie ; et si quelques-uns s'éton-
nent que l'application de ces sciences à la médecine
n'ait pas encore donné des résultats complets, disons-

leur que chez l'homme, sain ou malade, les moindres
phénomènes se compliquent d'éléments divers, et que
l'intervention des propriétés vitales vient, sinon troubler,
au moins compliquer les problèmes à résoudre. Cette
digression, que vous nous pardonnerez, sert à nous
faire comprendre pourquoi ce grand nombre de théories, et pourquoi aussi, malgré tous leurs efforts et tous
leurs services, la chimie et la physique ne nous ont pas
donné le dernier mot de la question. Cessons de nous
plaindre et ne nous décourageons pas : la nature ne se
révèle pas immédiatement, il faut lui arracher ses
secrets.

L'auteur a passé en revue tous les systèmes qui tour
à tour ont voulu donner l'explication des causes de la
chaleur animale. Il l'a fait avec méthode et clarté ;
ce qu'on peut lui reprocher, c'est le manque de critique.
Il est aisé de dire que la théorie de la chaleur innée,
que les théories vitalistes de Cullen, de Hunter, de
Chaussier, de Bichat ne méritent pas d'être discutées.
L'auteur, je le demande en toute sincérité, a-t-il bien
compris cette grande idée des anciens médecins ?
Qu'ils se soient trompés sur le siége de cette chaleur ;
qu'ils la placent, avec Hippocrate, dans le ventricule
gauche, ou, avec Aristote et Galien, dans le ventricule
droit, peu importe. La question est de savoir s'ils se
sont trompés en confondant les idées de vie et de chaleur. Ce qui les frappait avant tout, ce qui leur sem-
blait fondamental dans les corps vivants, celui de
l'homme en particulier, c'était cette chaleur propre,
constante, invariable, et par conséquent cette faculté,
qu'il tenait, disaient-ils, de sa vitalité, de produire incessamment une somme de calorique, non pas illimitée,
fatale, n'obéissant à d'autres lois qu'à celles des avi-

dités et des saturations chimiques, comme en produisent
les combustions artificielles ; mais réglée et toujours ad-
mirablement en harmonie avec les besoins de l'être et
sa conservation. Ne pas séparer ce fait primordial du
fait même de la vie, reconnaître à l'un et à l'autre un
même principe, une cause commune, des lois d'existence identiques, est-ce donc commettre une erreur
indigne même d'être réfutée ?

Ce n'est pas tout : en parlant de chaleur innée,
les anciens philosophes n'entendaient pas par là un
être de raison, indépendant de l'organisme et agissant
en dehors de lui. Non, ce phénomène avait pour appareil l'organisme tout entier, et pour *stimulus* tous
les agents extérieurs que l'être doit s'assimiler pour
son développement et sa conservation. En d'autres
termes, il était lié à l'existence de toutes les actions
vitales. Les physiologistes, qui aujourd'hui encore
partagent cette opinion, disent que l'oxygénation du
sang est une des conditions de la manifestation du
phénomène, mais que seule elle est incapable de le
produire. Pour eux, le sang artériel, considéré isolément du travail d'assimilation que lui font subir les
tissus, au moyen de la force plastique dont ils sont
doués, est aussi incapable de produire la chaleur
des animaux que la lumière, considérée isolément de
l'opération assimilatrice qu'elle subit de la part de
l'œil vivant, doué de sa force visuelle spéciale, est
incapable de donner lieu au phénomène de la vi-
sion (1).

Une idée émise par Galien, et qui méritait aussi
d'être signalée et discutée, est celle-ci : c'est que, dans

(1) Pidoux, *Traité de thérapeutique,* t. III, p. 131.

l'homme, le liquide réparateur et les différents tissus
ont une échelle de chaleur proportionnée à leur vitalité,
à leur animalisation. Bichat, dont les vues élevées et
fécondes ont été souvent incomprises, a de son côté
renouvelé cette proposition, en lui donnant de lumineux
développements. Chaque système, dit-il, a son mode
particulier de chaleur ; si on pouvait analyser la différence de température de chacun d'eux, on observerait
que chacun sépare une quantité différente de calorique,
et que par conséquent il y a autant de températures
particulières dans la température générale qu'il y a de
systèmes organisés, comme chaque glande a son mode
propre de sécrétion ; chaque surface exhalante, son
mode propre d'exhalation ; chaque tissu, son mode
propre de nutrition, et tout cela dérivant immédiatement des modifications que les propriétés vitales ont
dans chaque partie. M. C. Bernard semble s'être inspiré,
dans ses recherches, de cette pensée du grand physiologiste et a confirmé par ses expériences les vues de
l'esprit, les spéculations de la théorie.

Mais il est temps de revenir à notre mémoire.

Dans le § 3, l'auteur examine les théories chimiques.
Frappés du dégagement de chaleur qui accompagne
les réactions des corps les uns sur les autres, certains
médecins n'hésitèrent pas à expliquer la température
animale par des réactions encore mal connues, mal
définies et mal étudiées, et cherchèrent ainsi à se
rendre compte de presque tous les phénomènes de
l'ordre physiologique et de l'ordre pathologique. Les
idées émises par Van-Helmont et Sylvius revêtirent une
forme mieux arrêtée entre les mains de Stevenson et
de Hamberger. Puis viennent Mayow, Hales Boyle, qui
prouvent qu'une bougie s'éteint et qu'un animal meurt

quand on les laisse trop long-temps dans une masse
d'air confiné ; et que, dans le second cas comme dans
le premier, une certaine proportion d'air disparaît. En
1776, Priestley démontre par des expériences concluantes que l'air commun et l'air diphlogistiqué (oxygène) jouissent seuls de la propriété de rendre au sang
veineux la couleur rutilante du sang artériel, et que
cette action s'exerce même à travers une membrane
organique humide. Enfin parut Lavoisier, dont la théorie
fixa pour un temps l'opinion presque unanime des
physiologistes. L'auteur nous fait assister à l'évolution et
au développement de cette théorie, qui reste contenue
dans les termes de cette formule si nette, donnée en 1789
par l'illustre chimiste : « La machine animale est gou-
vernée par trois régulateurs principaux : la *respiration*,
qui consomme de l'hydrogène et du carbone et qui
fournit du calorique ; la *transpiration*, qui augmente ou
diminue suivant qu'il est nécessaire d'emporter plus ou
moins de calorique ; enfin la *digestion*, qui rend au sang
ce qu'il perd par la respiration et la transpiration. »
L'auteur, après avoir indiqué les points attaquables de
cette théorie, fait connaître les recherches de Crawford,
et montre Lagrange et Spallanzani développant et jus-
tifiant par des expériences l'hypothèse fondamentale
du savant anglais. Vient ensuite l'analyse fort bien
faite des travaux de Dulong et de M. Despretz. Il signale les imperfections de la méthode opératoire et les
erreurs commises ; il déclare avec juste raison qu'on ne
doit admettre qu'avec une grande réserve les résultats
obtenus.

Toutefois, les recherches de ces deux savants furent
le point de départ de nouveaux et importants travaux,
en première ligne desquels on doit placer ceux de

M. Regnault. L'auteur termine cette 2ᵉ. section de son mémoire en payant un juste tribut d'éloges au livre si remarquable de M. Gavarret. Bien que tous les points de la question n'aient pas été étudiés avec le même soin, bien que la théorie même ne nous paraisse pas à l'abri de toute contestation, il n'en est pas moins certain que l'œuvre de ce professeur est un travail de premier ordre, digne d'occuper dans la science un rang honorable.

Section 3.—Elle comprend l'exposition de la théorie de l'auteur. Nous avons étudié cette partie du mémoire avec un soin tout spécial, nous l'avons long-temps méditée, et nous devons dire que l'impression que nous avons reçue de cette étude ne nous a pas complètement satisfait. L'auteur admet sans restriction les conclusions des chimistes. Il affirme, avec M. Regnault, que la chaleur animale est produite *entièrement* par les réactions chimiques qui se passent dans l'économie, sous l'influence de l'oxygène respiré ; et, avec M. Gavarret, que l'action de combustion lente, exercée sur les matériaux du sang par l'oxygène que les surfaces respiratoires puisent incessamment dans le milieu ambiant, est la véritable et unique source de la chaleur produite par l'homme et les animaux. Comment concilier cette opinion avec cette idée, consignée par lui à la page 188 : « que tout animal qui naît, naît avec une certaine somme de chaleur qui lui est propre ; quel que soit son développement organique, il vient au monde avec une température propre, qui au minimum, à l'époque de sa naissance, s'accroît successivement jusqu'à l'âge adulte, mais n'en existe pas moins quand il respire pour la première fois, et même avant, c'est-à-dire au moment

où il reçoit, comme embryon, cette influence mystérieuse qui doit lui donner la vie. » Que disaient donc,
Messieurs, les anciens philosophes ? Et pourquoi traiter
si légèrement leur théorie de la chaleur innée ? Est-ce
donc qu'ils admettaient que la chaleur animale pouvait
se manifester sans le concours de l'organisme, et qu'elle
n'était pas soumise à l'influence des agents extérieurs ?
Mille fois non ; la chaleur comme la vie ne pouvait se
comprendre sans des organes ; et Bichat, le représentant
le plus illustre du vitalisme moderne, dit *que la vie est
l'ensemble des fonctions qui résistent à la mort.*

La théorie de l'auteur est contenue en entier dans
cette proposition de G. de La Rive :

« Noscimus substantias vegetabiles, quæ cibum ho-
mini suppeditant, ex hydrogenio, carbonio, oxygenio,
salibus et terris, animales autem, ex iisdem principiis,
et ex azotio, consistere : utræque vero cum majore
oxygenii quantitate sese conjungere desiderant, seu
inflammabiles sunt. Hæ substantiæ oxygenium in
sanguine reperiunt, et partim cum eo uniter coeunt.
Sanguis autem inflammabilem substantiam per ven-
triculum, et oxygenium per pulmonem, accipit ; per
decursum circuitus, harum substantiarum conjunctio,
seu vera combustio, contingit : aqua et gaz acidum
carbonicum combustione producta ex pulmone, halitus
cutis, urina et fæces, quæ substantiæ omnes maxima
ex parte incombustibiles sunt, variis excernentibus
organis e corpore ejiciuntur ; hac combustione autem
calor animalium sustinetur. »

Cette opinion de Gaspard de La Rive, aussi remarquable par l'élévation de la pensée que par la forme
et l'élégante simplicité de l'expression, n'est qu'un
reflet des travaux de Lavoisier et des idées de Lagrange.

L'auteur la développe, et il entre à cet effet dans des détails inutiles qu'on trouve partout et plus spécialement dans l'ouvrage de M. Gavarret; aussi résumerons-nous rapidement cette partie de son travail. Il démontre d'abord, avec tous les physiologistes, que, quelle que soit la nature des aliments, qu'ils appartiennent au règne végétal ou au règne animal, qu'ils soient respiratoires ou plastiques, tous subissent l'action de l'oxygène, *inflammabiles sunt;* avec cette différence que les uns sont complètement brûlés, tandis que les autres ne le sont qu'incomplètement. L'agent de combustion se trouve dans le sang, et par suite les combustions ont lieu dans le torrent circulatoire et non dans le poumon. Mais sous quel état l'oxygène se trouve-t-il dans le sang? Y est-il libre? Y est-il simplement dissous? Les expériences démontrent que l'absorption de l'oxygène dans le poumon n'est pas un fait purement physique et de simple dissolution d'un gaz dans un liquide. Il est uni aux globules et engagé dans une combinaison très-instable, qui ne l'empêche pas d'attaquer ultérieurement les matériaux combustibles.

Par quelle voie ces matériaux pénétrent-ils dans la circulation? Par quelle voie, l'oxygène? La digestion, a dit Lavoisier, rend au sang ce qu'il perd par la respiration et la transpiration, sinon l'huile manquerait bientôt à la lampe et l'animal périrait, comme une lampe s'éteint lorsqu'elle manque de nourriture. Ce fait n'a pas besoin de démonstration. Il faut ajouter toutefois que, dans certains cas, l'azote introduit par la respiration dans les voies respiratoires est absorbé et complète la dose de ce gaz nécessaire à l'entretien de la vie, quand les substances alimentaires sont impuissantes à le lui fournir.

L'oxygène pénètre dans le sang par plusieurs voies. Chez les animaux inférieurs, privés d'organes respiratoires, la peau est l'unique voie d'hématose; chez d'autres, qui sont pourvus de poumons et de branchies, l'absorption cutanée constitue encore une fonction de premier ordre. Chez les animaux supérieurs et chez l'homme, le poumon est la principale surface respiratoire. L'air riche en ogygène et le sang veineux chargé d'acide carbonique libre sont mis en présence, séparés seulement par une membrane humide d'une extrême ténuité. La diffusion des gaz, aidée par l'endosmose, produit un double mouvement en vertu duquel les gaz libres se répartissent de façon à exister dans l'atmosphère et dans le liquide sanguin, en proportions déterminées et réglées par leurs solubilités respectives. Tel est le rôle du poumon, et son rôle unique. S'il se fait dans les capillaires de l'organe des combustions; si de la chaleur est produite, les causes de refroidissement sont telles que le sang se refroidit en traversant l'appareil pulmonaire; que, par suite, la transformation du sang veineux en sang artériel ne coïncide pas avec une augmentation de chaleur dans le liquide; qu'enfin, les anciens avaient raison quand ils disaient que le poumon rafraîchit le sang.

Quelle est maintenant l'action de l'oxygène absorbé? Transporté, dit M. Gavarret, avec les globules dans les capillaires généraux, il agit par des combustions lentes et successives sur les matières ternaires et quaternaires fournies par le travail digestif, et sur les matières organiques incessamment séparées des tissus de l'économie. Dans ces réactions, les globules perdent leur couleur rutilante, et reprennent la teinte violacée qu'ils ont dans le sang veineux. Les expériences de

M. Bernard sont venues démontrer qu'il ne faut pas
accepter cette dernière assertion dans toute sa généralité ; qu'ainsi, c'est à tort qu'on regarde comme
synonymes les deux expressions : sang veineux et sang
noir. Il y a, en effet, du sang veineux à l'état normal
qui est parfaitement rouge comme du sang artériel,
et il y a aussi du sang veineux qui est tantôt rouge
et tantôt noir. Et, chose plus importante pour le physiologiste, c'est que ces variations de couleur corres-
pondent à certains états fonctionnels des organes. C'est
ainsi qu'il faut rattacher la couleur rutilante du sang
de la veine rénale à l'état de fonction du rein, et sa
couleur noire à son état de repos. Ce n'est pas là un fait
isolé, spécial au rein ; on doit l'étendre aux organes
sécréteurs, qui ont également pour fonction de séparer
dans leur tissu un liquide organique.

Ces modifications qui surviennent dans le sang, par
suite de l'activité fonctionnelle des organes, sont toujours déterminées par le système nerveux. C'est lui qui
règle ces actions chimico-organiques spéciales. Ainsi,
dans les glandes, il existe un nerf qui laisse couler le
sang veineux rouge, et un autre qui fait devenir le sang
veineux noir. Comment comprendre le mécanisme de
cette influence des nerfs sur le sang ? Il n'y a pas de
continuité anatomique et par conséquent d'action chimique directe possible de la part des nerfs sur les globules du sang pour modifier leur couleur. Il faut, dès
lors, qu'il y ait là d'autres phénomènes intermédiaires
entre l'action nerveuse et la modification chimique du
globule sanguin. Ces conditions intermédiaires existent
en effet, et elles sont constituées par les changements
mécaniques divers que chaque nerf apporte dans la
circulation capillaire de la glande.

La théorie chimique donne-t-elle l'explication de ces faits ? On a pensé et on a dit que la rapidité de la circulation ne permettait pas au sang artériel de se transformer en sang veineux. Explication erronée, car si en traversant les capillaires des organes, le sang n'a pas pardu sa couleur rutilante, il a au moins subi des modifications qui indiquent que les phénomènes nutritifs n'ont pas été suspendus. D'un autre côté, elle ne répond pas à toutes les faces de la question ; elle a contre elle ce fait que dans les muscles en repos, alors que la circulation y est plus rapide, comme le démontre l'observation, le sang est rouge, tandis qu'il en sort noir pendant la contraction, quand la circulation y est gênée. Enfin, si l'on coupe à un lapin la moëlle épinière, le sang reste rouge, bien que la pression dans les artères soit diminuée.

On a donné une autre explication. On a dit : la rutilance du sang dans le poumon devant être attribuée à l'expulsion de l'acide carbonique, ne peut-il pas se faire que le même gaz soit expulsé par les glandes avec les produits de sécrétion ? C'est, ajoute-t-on, ce qui a lieu ; des observations nombreuses font reconnaître que tous les liquides expulsés par les organes glanduleux contiennent beaucoup d'acide carbonique, non pas à l'état gazeux, mais en dissolution ou engagé dans des combinaisons à l'état de carbonate ou de bi-carbonate.

Qu'il nous soit permis de dire que l'assimilation n'est pas possible. Le sang qui arrive au poumon est noir et il en sort rutilant, celui qui arrive au rein est rouge et rouge il en sort. Quoi qu'il en soit de ces explications, ce qu'il importe de constater et ce que nous ne saurions trop répéter, c'est que le système nerveux tient, jusqu'à un certain point et dans certaines conditions, sous sa dépendance le phénomène de l'hématose ; c'est que ces réactions, ces dédoublements, ces transformations dont nos organes sont le siège ne peuvent s'accomplir sans son intervention ; c'est qu'enfin le conflit du sang avec nos tissus n'est complet qu'autant que son action reste libre et complète. D'où il faut conclure que ce n'est pas là un simple phénomène chimique, que la production de la chaleur animale est un acte complexe; que vouloir l'expliquer sans tenir compte des conditions éminemment variables que présente tout organisme vivant, c'est tomber dans une fâcheuse erreur.

Revenons à notre question. Il n'en est pas moins certain que le sang artériel, arrivé dans les capillaires, se charge d'acide carbonique et devient veineux. Que s'est-il passé ? Y a-t-il eu simple échange de gaz ? L'oxygène combiné aux globules les a-t-il abandonnés, et a-t-il été remplacé par l'acide carbonique cédé par les tissus? On ne saurait l'admettre. Nous n'en voulons pour preuve que l'union intime de l'oxygène avec le globule, sorte de combinaison dont la nature nous échappe, mais tellement incontestable que si, à l'aide de l'oxyde de carbone, on veut enlever au sang son oxygène, un seul lavage ne suffit pas, il en faut plusieurs. On comprend dans le poumon un échange de gaz entre l'air et le sang, on ne le comprend pas dans le système capillaire. Ici, il y a dans le liquide circulatoire un corps qui abandonne du carbone, lequel doit être brûlé, et sa combustion exige un certain temps.

La combustion du carbone n'est pas le seul phénomène d'oxydation qui se passe dans les tissus ; la théorie veut qu'il y ait encore formation d'eau. Ce dernier fait a-t-il été démontré expérimentalement? L'auteur le pense, s'appuyant sur une observation de M. Sacc et sur les travaux importants de MM. Barral et Boussingault. Les principes sur lesquels ce dernier observateur a étayé sa méthode sont, vous le savez, très-simples ; ils peuvent être résumés ainsi : tenir compte de tout ce que l'animal introduit, sous forme solide et liquide , dans le tube digestif ; de tout ce qu'il expulse au-dehors en excréments solides et liquides ; retranchant la seconde quantité de la première , le reste représente nécessairement , en nature et en poids, ce que l'animal a perdu par les organes respiratoires et par l'exhalation cutanée. Par cette méthode , on serait arrivé à démontrer directement et sans hypothèse , d'une part, qu'une portion de l'oxygène absorbé s'est unie à l'hydrogène du sang pour former de l'eau; d'autre part, qu'indépendamment de la portion d'oxygène empruntée à l'atmosphère , une autre portion de ce gaz a été fournie par la matière organique des aliments. Malgré le haut degré d'exactitude qu'on peut atteindre par l'emploi de la *méthode indirecte* , nous pensons, avec MM. Regnault et Reiset, que de nouvelles expériences sont encore nécessaires pour que ce point de la question soit complètement élucidé. Quoi qu'il en soit , indépendamment de l'acide carbonique et de l'eau formés au contact des tissus et éliminés par les surfaces respiratoires , d'autres matériaux , qui ont été transformés ou qui ont subi des degrés divers d'oxydation , sont rejetés au-dehors par les émonctoires de l'économie. Mais , comme ils ne participent en rien à la production de la chaleur animale , ils peuvent être négligés.

Maintenant, Messieurs, que nous connaissons les éléments combustibles, le comburant, et les produits de la combustion, il nous reste à examiner avec l'auteur une dernière question : Quelle est la quantité de chaleur

produite par les phénomènes physico-chimiques de la
respiration ? La quantité d'oxygène absorbé, la quantité
d'hydrogène et de carbone transformés en eau et acide
carbonique, sont connues ; pour déterminer la chaleur
produite par l'animal, suffira-t-il de multiplier le poids
du carbone et le poids de l'hydrogène brûlés par les
nombres qui expriment la chaleur de combustion de
chacun de ces corps, et de faire la somme des deux
produits ? Ainsi a procédé Lavoisier ; ainsi ont procédé
Dulong et M. Despretz. Mais, comme le fait justement
remarquer M. Gavarret, cette opération repose sur
l'hypothèse inadmissible : que, dans les combustions
respiratoires, le carbone, pour se transformer en acide
carbonique, et l'hydrogène, pour faire de l'eau, dégagent la même quantité de chaleur que quand ils sont
brûlés à l'état libre. Or, dans l'économie, l'action de
l'oxygène s'exerce sur des matières composées, et nous
savons que la chaleur fournie par la combustion de ces
corps n'est pas égale à la somme des quantités de chaleur produite par l'oxydation de chacun de leurs éléments pris isolément (1).

La théorie chimique manque donc, sous ce rapport,
d'une démonstration directe. Mais au moins donne-t-elle
l'explication des modifications que subit la chaleur
animale sous l'influence des diverses circonstances physiologiques ou extérieures que nous avons fait connaître ?
C'est ce que l'auteur recherche dans le dernier chapitre
de son travail, intitulé : *Criterium*.

Il a, dans ce but, dressé de nombreux tableaux
dont les éléments sont empruntés à divers auteurs,
mais qui ont exigé une patience remarquable et des

(1) Gavarret, p. 280.

recherches bibliographiques nombreuses. Les conclusions qu'il en a tirées sont dignes de fixer l'attention. Les tableaux A et B nous montrent que, quelle que soit la nature des aliments, la quantité de chaleur produite, sous un même climat et sous des conditions extérieures identiques, est sensiblement la même ; que, sous l'influence de l'inanition et de l'alimentation insuffisante, la calorification est profondément modifiée. En regard, nous voyons que, dans ces dernières circonstances, les phénomènes physico-chimiques de la respiration deviennent d'autant moins intenses que la température s'abaisse davantage. Si on ne tenait compte que de la production d'acide carbonique, on serait amené à cette conclusion : que la diminution d'intensité des combustions est hors de proportion avec l'abaissement de la température qui est assez faible dans les premiers jours de la privation des aliments ; mais il faut observer que, si la quantité d'acide carbonique exhalé est moindre, cela dépend surtout de ce qu'une plus forte proportion d'oxygène est employée à faire de l'eau. Les mammifères hibernants, malgré la place qu'ils occupent dans l'échelle zoologique, sont, dit l'auteur, des animaux à température variable, c'est-à-dire que, dans l'état de veille comme dans la période d'engourdissement, leur température s'abaisse et s'élève avec celle de l'atmosphère ; mais, et c'est ce qu'il importait de constater, dans toutes les périodes de leur vie, il y a accord parfait entre l'élévation de leur chaleur propre et l'activité des combustions respiratoires (tableaux A et B).

Les animaux supérieurs, parvenus à l'état complet de leur développement et jouissant de l'entière liberté de leurs mouvements, résistent, vous le savez, à

l'abaissement ou à l'élévation de la température extérieure sans que leur état thermique soit notablement
influencé. Or, les expériences de Letellier démontrent
que l'absorption d'oxygène et l'exhalation d'acide carbonique suivent une marche inverse de celle de la
température de l'air au sein duquel l'animal est plongé;
elles sont d'autant moindres que la température est
plus élevée, et d'autant plus considérables que cette
température est plus basse. Non-seulement, sous l'influence d'une chaleur excessive, les combustions de
l'économie diminuent d'intensité, mais encore la quantité d'eau évaporée à la surface du poumon et de la
peau augmente, et la perte de calorique qui en résulte
devient plus considérable.

Ici se place une remarque importante sur laquelle
nous appelons votre attention. Si la résistance au froid,
plus grande pendant l'hiver que pendant l'été, est due
à une plus grande quantité d'oxygène absorbé, comment se fait-il que les animaux, saisis au milieu de
l'été par un froid beaucoup moins vif que celui auquel
ils résistent facilement pendant l'hiver, ne se trouvent
plus en état de lui opposer la moindre réaction pyre-
togénésique, et succombent en grand nombre à cause
de cette insuffisance de leur chaleur propre ? Ils succombent parce que l'organisme est, pour ainsi dire,
pris au dépourvu, et qu'il n'a pas eu le temps de se
préparer à cette réaction dont les instruments, mus
par la nature vivante, sont soumis dans leurs opé-
rations à une mesure et une évolution successives.
Mais observons que, quand les éléments sur lesquels
s'exercent les forces de la chimie sont mis en présence,
le travail qui s'opère est instantané, nécessaire, constant, invariable, susceptible d'être rigoureusement

prévu dans ses résultats. Or, si ces forces sont réellement en possession de produire la chaleur animale et la faculté de résister au froid, les conditions de leur action étant supposées les mêmes au mois de juillet qu'au mois de janvier, les résultats de cette action, savoir : la production plus abondante de chaleur et par conséquent la plus grande énergie de résistance au froid, devraient être identiques. De même qu'un froid de 0 centigrade, survenant brusquement en été, fait périr les animaux, de même une chaleur de 20°, surprenant les mêmes êtres durant les rigueurs de l'hiver, les accable et les tue au milieu de sueurs profuses, et malgré ces sueurs. Pourquoi donc, les conditions exigées pour assurer une abondante évaporation étant présentes et en pleine activité, le résultat physiologique, c'est-à-dire la sédation spontanée de l'organisme et sa faculté de résister à une chaleur extérieure disproportionnée, pourquoi ce résultat n'est-il pas obtenu? Faut-il donc admettre qu'il y a dans tout organisme vivant une puissance qui coordonne et dirige toutes les actions dont il est le siége (1)?

Vous vous rappelez, Messieurs, les observations de M. Chossat sur les oscillations diurnes de la température des animaux. Eh bien! ici encore, les phénomènes physico-chimiques de la combustion éprouvent des variations simultanées et dans le même sens. On retrouve la même loi quand on observe l'animal pendant l'incubation, pendant le repos ou le mouvement.

Les observations de M. Valenciennes, celles de

(1) Pidoux, *Traité de thérapeutique*, t. III, p. 150.

Valentin, de Prout, de Scharling, ont mis ces faits hors de doute (tableau 5).

Enfin, l'étude de la combustion, au point de vue de l'âge et du sexe, fournit la preuve que la théorie est d'accord avec les faits. Il suffit, pour s'en convaincre, de jeter les yeux sur les tableaux A et D.

Il nous reste, pour terminer, à examiner si les modifications que la chaleur animale subit dans les maladies sont en rapport avec les phénomènes chimiques. Recherches importantes, car on trouverait ainsi la confirmation la plus éclatante des idées de Lavoisier et de son école. L'organisme, en effet, n'est pas régi dans l'état de maladie par des lois différentes de celles auxquelles il obéit dans l'état de santé : *Quæ faciunt in sano actiones sanas, eadem in ægro morbosas* (Hippocrate).

La science ne possède qu'un nombre trop limité de travaux exécutés dans cette voie pour qu'il soit permis d'en tirer des conclusions générales, d'autant plus qu'ils sont loin d'être conformes dans leurs résultats.

Gregor dit avoir reconnu que, dans les fièvres éruptives, varioles, rougeoles, scarlatines, la proportion de gaz acide carbonique expiré va en augmentant dans la première période de la maladie, et qu'elle tend à revenir progressivement à l'état normal à mesure que les accidents se dissipent et que la santé se rétablit.

Paul Hervier et Saint-Lager professent une opinion diamétralement opposée. D'après leurs recherches, il y aurait dans les maladies une moindre proportion de carbone brûlé. La fièvre typhoïde, la dyssenterie, la phthisie pulmonaire s'accompagneraient également d'une diminution dans la quantité d'acide carbonique exhalé. Or, vous le savez, c'est surtout dans les fièvres éruptives et dans les fièvres essentielles que l'accroissement de température est le plus marqué. Dans le rhumatisme aigu, dans les phlegmasies bien caractérisées, comme la méningite, la péritonite, la métropéritonite, il y aurait augmentation d'acide carbonique. Il y a diminution dans le choléra, au dire de MM. Rayer et Doyère.

Permettez-nous quelques observations à ce sujet. Une péripneumonie aiguë a en trois ou quatre jours rendu imperméable à l'air un poumon entier, et le malade est néanmoins dévoré par une fièvre violente ! Dans la fièvre typhoïde, si souvent compliquée d'une bronchite générale et profonde, la respiration est gênée, la circulation difficile, les joues, les lèvres, les mains offrent une coloration bleuâtre ou violacée ; les malades devraient être froids et pourtant il sont brûlants ! Qu'à la dernière période d'une affection organique, alors que l'asphyxie est imminente, que les tissus sont bouffis, infiltrés et froids ; que, par une cause quelconque, la fièvre apparaisse, et la chaleur fébrile s'allume, vive, générale, soutenue ; et cependant la gêne de la circulation pulmonaire n'a pas diminué, non plus que la cyanose !

L'enfant nouveau-né a une force de calorification et de résistance au froid moins énergique que l'adulte ; mais qu'il soit saisi par la fièvre, et sa température s'élève ; cependant ses conditions respiratoires n'ont pas changé ; si la fièvre cesse, il retombe dans son état antérieur d'impuissance.

Un homme se livre à une marche rapide, à un exercice violent, en pleine atmosphère, il a le pouls à 130, fort, développé, il respire trente fois par minute et de tous ses poumons ; comparez sa chaleur à celle du malade couché dans son lit, affecté d'une fièvre ty-

phoïde, avec la respiration calme et le pouls à 80 ou
100 pulsations !

Enfin, il n'est pas rare de voir chez des extatiques et
des cataleptiques la respiration presque complètement
suspendue pendant plusieurs heures, avec une persé-
vérance frappante de la chaleur, tantôt d'une manière
générale et uniforme, tantôt, au contraire, en certaines
régions de la peau qui sont brûlantes, tandis que
d'autres ont conservé leur température naturelle.

Arrêtons-nous. Nous en avons assez dit pour faire
comprendre qu'il y a certains phénomènes pathologiques qui attendent encore leur explication.

Nous avons terminé l'étude et la critique du Mémoire
n°. 4. Nous répéterons ce que nous disions en commençant : ce travail est d'un savant de mérite, mais il
est trop long et cependant incomplet. Trop long, car
l'auteur entre dans des développements inutiles, tombe
dans des redites qui fatiguent et lassent l'attention.
L'Académie ne demandait pas qu'on donnât tous les
détails des expériences et des recherches entreprises
pour expliquer la production de la chaleur animale ;
elle désirait qu'on en fît connaître les points importants,
les résultats généraux ; que de cette masse de matériaux
acquis on formât un faisceau serré, duquel on pût tirer
une conclusion nette et précise. Elle voulait avant tout
qu'on mît en lumière les points obscurs, qu'on montrât
les lacunes de la science et qu'on s'efforçât de les
combler. Est-ce là ce qu'a fait l'auteur ? Non, assurément. Son travail immense par les recherches qu'il a
exigées a laissé dans l'obscurité des points qui demandaient à être éclairés. Cependant, pour être juste,
disons hautement que l'auteur mérite la reconnaissance
de l'Académie et ses encouragements.

Notre tâche, Messieurs, n'est pas accomplie ; nous sommes forcé de réclamer pour quelques instants encore votre attention. Si votre bienveillance ne nous y encourageait, la justice et l'équité nous en feraient un devoir.

Deux mémoires nous restent à examiner.

Croire tout découvert est une erreur profonde,
C'est prendre l'horizon pour les bornes du monde.

Telle est la devise du mémoire n° 5.

« Comme on ne peut guère démontrer l'existence d'une force dite vitale appartenant exclusivement aux corps organisés, tous les phénomènes propres aux êtres vivants doivent pouvoir s'expliquer par les lois de la physique et de la chimie. Ces lois seules nous donnent la clef des phénomènes de la vie ; aussi, dans un avenir peu éloigné, la physiologie animale sera-t-elle entièrement réduite aux seuls principes de la physique et de la chimie. »

Cette pensée d'un chimiste de talent (1) semble avoir inspiré l'auteur du mémoire.

Il ne s'occupe point de la recherche des sources de la chaleur animale ; il croit la tâche impossible, inutile depuis les travaux du professeur Gavarret. Ce qu'il veut surtout étudier, ce sont ces refroidissements et ces exagérations de la chaleur, qu'on désigne sous les noms d'algidité et de fièvre ; c'est la fixité de la température centrale des animaux, lorsqu'on sait que le travail de production de la chaleur n'a pas toujours la même énergie. Pour répondre à ces questions, il lui

(1) Lehmann, *Précis de chimie physiologique.*

faudra nécessairement envisager le problème sous une autre face, et ce sera du côté de la répartition et de la dépense du calorique qu'il dirigera ses recherches. Il lui sera alors facile, dit-il, d'expliquer toutes les variations locales de la température par une cause unique : la *contractilité* des vaisseaux de petit calibre, et les changements qu'elle amène dans la rapidité de la circulation sanguine dans les différentes parties du corps.

« Chez les animaux à température constante, il faut nécessairement qu'il y ait un équilibre continuel entre la production et la déperdition du calorique. Le milieu ambiant est-il plus froid que l'animal lui-même, le rayonnement suffit au maintien de cet équilibre. Le milieu dans lequel est placé l'animal est-il plus chaud que le maximum de la température qui lui est dévolue, il existe une autre cause de déperdition de chaleur ; il la trouve dans l'évaporation de ses liquides. » La chaleur se forme dans le conflit moléculaire du sang avec les tissus. Se produit-elle partout avec la même intensité? Cette question est insoluble, dit l'auteur ; mais ce qui est certain, c'est que la déperdition ne se fait pas partout avec la même rapidité, et que c'est à la surface du corps que les causes de refroidissement, rayonnement et évaporation, enlèvent le calorique.

Les différentes parties du corps ont donc des températures différentes, graduellement croissantes, à mesure que le thermomètre explore des régions plus profondes, plus rapprochées de ces parties centrales, qui, enveloppées dans une épaisse couche de tissus, échappent aux influences directes de la température ambiante (1).

(1) Pages 3 et 4.

6

La répartition de la chaleur dans les différentes parties du corps est, de son côté, modifiée par une fonction commune à tous les êtres vivants : la circulation sanguine. « Le sang du cœur est très-chaud : sa température est de 39 à 40° c. lorsqu'il quitte le ventricule gauche; et comme, dans son parcours circulaire, il n'a pas le temps de perdre toute sa chaleur initiale, il vient à chaque instant porter jusqu'aux parties les plus éloignées une chaleur qui contrebalance les effets de refroidissement. » Mais quelque rapide que soit le mouvement du sang, il ne le sera jamais assez pour détruire les lois physiques de la répartition des températures; il ne fera qu'en atténuer plus ou moins les effets, en établissant une inégalité moins grande entre la température centrale et celle des extrémités.

Ces points établis, l'auteur rappelle les expériences de M. C. Bernard sur la chaleur du sang artériel et du sang veineux, suivant les régions. Il constate que les tableaux dressés par ce physiologiste ne sont pas comparables entr'eux, et par suite ne peuvent guère lui être utiles au point de vue où il se place. Il cherchera à résoudre, en opérant sur lui-même, les questions suivantes :

1°. Quel est le rapport normal de la température des diverses parties du corps?

2°. Ce rapport trouvé, quel est sur lui l'influence de la température ambiante?

3°. Quels changements les variations de l'état circulatoire amènent-elles dans la température d'une partie du corps?

Les résultats obtenus dans une première série d'expériences n'offrent rien de particulier; ils montrent, ce que l'on connaissait déjà, que la température va toujours en croissant à mesure qu'on s'approche des parties centrales. Ainsi, la main et l'aisselle sont toujours plus froides que la bouche ; l'urèthre offre des températures variables suivant la profondeur à laquelle on l'explore. Une seconde série d'expériences sert à démontrer que les variations de la chaleur ambiante modifient les rapports de la température des trois points de repaire : main, aisselle, bouche. Ainsi, plus l'air sera froid, plus la main aura une température inférieure à celle de la bouche ; au-dessous de 22°, l'aisselle est plus chaude que la main ; au-dessus, c'est le contraire qui a lieu. Enfin, l'influence de l'état thermique est d'autant plus marquée que la partie observée est plus éloignée des centres.

Tous ces faits étaient connus ; l'auteur, sous ce rapport, ne nous a rien appris.

Mais une question plus importante et fort bien étudiée, est celle de l'influence de la circulation sur la répartition de la température.

L'accélération du mouvement circulatoire échauffe les parties périphériques d'un animal, et comme ces parties perdent par le rayonnement d'autant plus de calorique qu'elles sont plus chaudes, cette accélération doit refroidir l'animal dans les cas où elle ne s'accompagne pas de production plus grande de calorique.

M. C. Bernard avait observé que, quand on lie l'aorte abdominale, on voit, au bout de quelque temps, la chaleur devenir plus grande dans le sang situé au-dessus de la ligature ; et cette augmentation serait due à la pression plus grande qui a dû en résulter dans le système sanguin.

L'auteur n'admet pas cette explication. Les membres

inférieurs, dit-il, sont un des points d'où le sang revient plus froid qu'il n'y est allé ; si donc on empêche le sang de passer à travers ces parties, au moyen d'une ligature mise sur l'aorte abdominale, on aura supprimé une des causes de refroidissement, et on aura, de toute nécessité, élevé la température du liquide dans les points où la circulation continue.

Le même observateur avait constaté que, si on empêche la respiration, la température du sang s'élève ; que, si la respiration se rétablit, et surtout si elle s'accélère, la température du sang s'abaisse. Dans ce cas encore, en empêchant la respiration, on a enlevé une cause du refroidissement du sang ; donc sa température a dû s'élever.

Nous sommes loin, vous le voyez, de la théorie qui veut que la source de la chaleur soit dans le poumon.

Autre point. — De simples changements dans le diamètre des vaisseaux, et conséquemment dans leur perméabilité, amènent pendant la vie des changements analogues dans l'état thermique du sang. La rapidité plus ou moins grande de la circulation joue le rôle principal dans la répartition de la chaleur.

Quelles sont les influences qui régissent la circulation ?

John Hunter et, plus tard, Valentin avaient signalé les modifications qui surviennent dans le cours du sang, par suite de la dilatation ou du resserrement des vaisseaux, et ils avaient soupçonné que ces changements de calibre n'étaient pas indépendants de l'action nerveuse. Mais ces idées semblaient oubliées quand, en 1851, le professeur du Collége de France, répétant les expériences de Pourfour du Petit, découvrit que la section du grand-sympathique cervical produit l'élévation de température dans la moitié correspondante de la tête. Ce fut la démonstration la plus éclatante de l'action de ce nerf sur la circulation. Quant à l'explication du phénomène, vous la connaissez : M. C. Bernard supposa d'abord que le système nerveux ganglionnaire exerce une influence directe sur la calorification, et que sa section n'agit pas primitivement sur l'état circulatoire, mais bien sur la production de la chaleur par un mécanisme, insaisissable comme celui des propriétés vitales. Mais, plus tard, il modifia son opinion, et il admit que la dilatation des vaisseaux peut jouer un certain rôle, en la considérant toutefois comme produisant la stase et non le renouvellement plus rapide du sang. Déjà Brown-Secquard, Budge, Waller avaient donné une interprétation différente. Pour eux, l'élévation de température était l'effet de la plus grande quantité de sang contenue dans les parties par suite de la *paralysie* vasculaire. Cette opinion, émise avant eux par Schiff, est adoptée par l'auteur; et, dans un chapitre spécial, il s'efforce de démontrer que les phénomènes qu'on attribue à une activité plus grande des éléments de l'organe et de ses fonctions sont dus à un relâchement des vaisseaux.

Quels sont, en effet, les phénomènes dont l'ensemble constitue, pour les auteurs, l'*activité augmentée ?* 1°. les artères battent plus fort ; 2°. la sensibilité est augmentée ; 3°. les sécrétions sont quelquefois plus abondantes ; 4°. le volume de la partie est plus considérable et sa couleur plus rouge ; 5°. les veines sont dilatées, leur sang est plus chaud et plus rutilant. Or, dit l'auteur, tous ces phénomènes dépendent exclusivement d'une seule cause, le *relâchement* des vaisseaux ; et, loin d'être un signe d'une force augmentée, tout cela n'est qu'un effet de l'*affaiblissement* de la contractilité vasculaire. On conçoit, dit-il encore, que dans l'ancienne médecine les battements artériels, dont on ne soupçonnait pas la vraie cause, pussent passer pour un *criterium* de la force vitale ; on comprend que les cliniciens voyant, aux environs d'une partie enflammée, les battements s'exagérer en même temps que cette partie se gonflait et rougissait, les considérassent comme ayant produit l'afflux du sang. Mais aujourd'hui cela ne peut plus être admis.

Un mot seulement. Nous craignons que l'auteur n'ait prêté aux anciens une idée qui n'était pas la leur. Ils n'ont jamais dit que les battements, plus forts dans une partie enflammée, produisaient l'afflux plus grand du sang ; ils ont dit que, sous l'influence d'un stimulus local, il y avait appel ou afflux de sang, et par suite dilatation des vaisseaux et battements plus forts. La dilatation était l'effet et non la cause.

On sait aujourd'hui que la force du pouls ou, pour parler plus exactement, l'amplitude de la pulsation est en raison inverse de la tension artérielle. Les expériences de Hales l'ont démontré de la manière la plus évidente ; et l'auteur lui-même, dans un travail que nous connaissions et qu'il rappelle, en a donné, par des recherches très-ingénieuses, la confirmation éclatante. Or, la tension sera d'autant plus grande que la circulation capillaire sera plus difficile : que les capillaires soient dilatés, que le sang les traverse facilement, la tension baisse dans le vaisseau afférent, et sa pulsation augmente d'amplitude et l'artère bat plus fort.

Avant les physiciens, les médecins avaient constaté un état de la circulation qu'on observe dans certaines maladies et qu'on désigne sous le nom d'*oppression des forces*, état dans lequel le pouls est à peine perceptible au toucher ; et ils avaient vu que, si alors on pratique une saignée, le pouls prend de la force. Hunter avait dit aussi que le degré de chaleur le plus élevé, auquel une partie congestionnée ou enflammée puisse atteindre, est celui de la température du sang ; mais il avait négligé d'en tirer cette conséquence, que la chaleur existant dans cette partie est de la chaleur apportée et non produite sur place.

Tous ces faits sont exacts, mais les conclusions en sont-elles bien rigoureuses ?

1°. *La sensibilité est accrue.* — Des faits nombreux, dit l'auteur, viennent prouver la relation qui existe entre l'augmentation de la sensibilité et la plus grande rapidité circulatoire. Toute inflammation, dès le début, accroît la sensibilité du tissu malade ; bien plus, elle la fait naître dans les points où, à l'état normal, elle n'existe pas. Hunter avait remarqué que la chaleur ne s'accroît, parallèlement à la sensibilité, que dans le cas où la partie affectée n'a pas normalement la température maximum du sang. Pour nous, ces faits ne démontrent pas, d'une manière évidente, cette relation qui doit exister entre la sensibilité exagérée et la dilatation des vaisseaux.

2°. *Les sécrétions sont quelquefois plus abondantes.* — Il est cliniquement connu que, si dans une glande il survient une congestion intense, la sécrétion est augmentée, la chaleur accrue, et qu'il se produit des phénomènes analogues à ceux que détermine l'excitation de certains nerfs. M. C. Bernard a démontré que, toutes les fois que, par une influence nerveuse, on agit sur les sécrétions, c'est par l'intermédiaire des changements de l'état circulatoire ; que la sécrétion est toujours liée à un passage plus rapide du sang à travers les vaisseaux de la glande , tandis que, si l'on provoque son ralentissement, la sécrétion diminue et s'arrête.

3°. *Le volume de la partie est plus considérable et sa couleur plus rouge.* — Quoi de plus simple à expliquer par la dilatation des vaisseaux? L'élément vasculaire est si abondant dans les tissus , que Ruysch disait que tout parenchyme n'était formé que de vaisseaux ; on ne doit donc pas s'étonner que l'augmentation de volume de chacun des éléments d'un organe amène l'augmentation de volume de l'organe lui-même. Sa couleur est plus rouge , parce que la rapidité de la circulation n'a pas permis au sang de prendre la teinte veineuse.

4°. *Les veines sont dilatées , le sang est plus chaud et plus rutilant.* — Les capillaires dilatés n'offrant pas de résistance au passage du sang, il arrive dans les veines avec une vitesse plus grande, la tension veineuse augmente, et ces vaisseaux font saillie sous la peau ; de plus, il n'a pas eu le temps de se refroidir ni de perdre ses caractères artériels.

Comment concilier ces assertions avec ce fait général et incontestable de la production de la chaleur, par suite des actions chimiques dont le système capillaire est le siége ; et avec cet autre fait, que le sang veineux de l'appareil digestif est plus chaud que le sang artériel? Dire que tous les phénomènes qui se passent dans une partie enflammée sont dus exclusivement au relâchement paralytique des vaisseaux et au passage plus rapide du sang , c'est renverser nos idées médicales. Et, dussions-nous passer pour difficile , nous dirons que des expériences physiques, quelque bien faites qu'elles soient, ne nous feront jamais admettre qu'il y ait dans ces actes morbides défaut d'activité ; et les expressions *raptus sanguin, molimen hemorrhagicum* continueront à avoir pour nous une signification réelle.

Il est d'autres faits qui, d'après l'auteur (chap. IV), ne peuvent s'expliquer dans l'hypothèse d'une production locale de chaleur. M. C. Bernard coupe le nerf grand-sympathique à un animal ; si on le place dans une étuve, la température du côté sain s'élève rapidement, l'oreille du côté de la section ne s'échauffe pas ; de telle sorte qu'après un certain temps les deux oreilles ont la même température. Si de la chaleur s'était produite sur place, l'état thermique de l'oreille, du côté où a eu lieu la solution, devrait toujours l'emporter sur celle du côté opposé.—Autre expérience.—Après la section du grand-sympathique sur un lapin, non-seulement la température de l'oreille du côté correspondant s'élève, mais celle de l'oreille du côté sain se refroidit. Comment expliquer ce fait ? L'explication de l'auteur est ingénieuse et fondée sur une loi physique. Chez le lapin, il existe un tronc commun pour les deux carotides ; si dans l'une de ces artères la circulation est plus facile, c'est de ce côté que le sang se dirigera. Or, la section du sympathique dilate l'artère et produit cet effet. Et il est démontré en hydraulique que si, dans une bifurcation de conduits, on fait varier le diamètre d'une des branches, de manière à entraver ou à favoriser l'écoulement par cette voie, la pression dans la branche opposée, et par suite la dépense, varieront dans un rapport inverse. L'oreille du côté opéré, recevant plus de sang, doit être plus chaude ; celle du côté sain, en recevant moins, doit être plus froide. L'auteur appuie cette explication sur une expérience qui ne laisse pas place au doute.

Admettant que les variations de température des parties périphériques ne tiennent qu'à des changements dans la rapidité du mouvement du sang, voyons comment ces changements se produisent. Quelle est la part du système nerveux ? Willis et Haller pensaient que les nerfs tenaient dans leur dépendance la contraction et le relâchement des vaisseaux. La force attachée au tissu des artères, dit Senac, tient à la présence de fibres musculaires auxquelles des nerfs sans nombre se distribuent. Günther et Wedemeyer signalent aussi l'influence nerveuse dans la circulation. En 1840, Henle et Stilling admettent que le système nerveux ganglionnaire exerce une influence constante sur la contractilité des vaisseaux. Schiff, en 1845, ajoute de nouvelles données à ce qu'on savait sur les nerfs vasomoteurs. En 1851, M. C. Bernard donne, nous l'avons dit déjà, la démonstration expérimentale la plus frappante de l'action du grand-sympathique. Les nerfs dont il a été question jusqu'ici ont pour effet, quand on les irrite, de produire la contraction des vaisseaux ; leur action rappelle celle des nerfs moteurs sur les muscles de la vie animale. Mais il existe d'autres nerfs, dont l'influence est diamétralement opposée à la précédente : leur excitation détermine l'élargissement des vaisseaux. C'est en étudiant la circulation dans les glandes que Schiff a observé cette action singulière. Pour l'expliquer, ce physiologiste suppose l'existence de fibres contractiles extra-vasculaires situées dans le parenchyme de l'organe et qui, prenant leur point d'appui au-dehors, écarteraient par leur contraction les parois des vaisseaux vers lesquels elles convergeraient. M. C. Bernard pense que les nerfs dilatateurs neutralisent l'influence des nerfs constricteurs. Notre auteur, à son tour, ne répugne pas à admettre qu'un nerf puisse transmettre à un tissu contractile l'ordre de se relâcher, comme il lui transmet l'ordre de la contraction.

Quoi qu'il en soit de ces explications, sur la valeur desquelles nous ne saurions nous prononcer, il n'en reste pas moins certain que le système nerveux a une influence réelle sur la contractilité et la dilatation des vaisseaux.

De même qu'un muscle, en dehors de toute action nerveuse, conserve long-temps encore la propriété de réagir contre les excitations portées sur lui; de même la contractilité vasculaire peut se manifester sous des influences directes : action traumatique, agent chimique, froid et chaud, etc. Ce fait avait été mis hors de doute par les expériences de Thompson et de Henle, de Wharton John et de Hastings.

L'auteur, dans un travail publié en 1858 dans les *Annales des sciences naturelles*, institua des expériences qui permirent à chacun d'étudier sur soi-même la contractilité des petits vaisseaux sous l'influence des actions traumatiques. Il les rappelle dans le mémoire que nous avons sous les yeux. Elles ajoutent peu, du reste, aux faits connus, et nous ne devons pas nous y arrêter. Mais il est une circonstance que le premier il a signalée, à savoir: que la contractilité vasculaire s'épuise momentanément comme celle des muscles de la vie animale, et que plus les excitations traumatiques sont répétées, moins cette propriété est facile à épuiser. C'est ce qu'il désigne sous le nom d'*accoutumance.*

Les effets du froid sont les mêmes que ceux du traumatisme, c'est-à-dire qu'un froid modéré fait contracter les vaisseaux, tandis qu'un froid plus intense provoque leur dilatation, ce qui s'accompagne de rougeur, de gonflement, de chaleur des tissus, en un mot, de ces phénomènes qu'on a décrits sous le nom de *réaction*.

La contractilité vasculaire explique les variations de la température périphérique, mais elle est de plus un régulateur de la température centrale. Y a-t-il, en effet, excès dans la production de la chaleur, le sang arrive en plus grande quantité à la surface par les vaisseaux dilatés, et il y a alors, par le rayonnement, déperdition plus considérable de calorique. Y a-t-il, au contraire, diminution, les vaisseaux contractés donnent passage à une moindre quantité de sang, et les effets du rayonnement sont moins marqués.

« Si on applique cette théorie à l'influence des agents externes et internes, qui tendent à faire varier la température animale et à lui faire perdre sa fixité, on voit que la contractilité des vaisseaux se comporte toujours de manière à rétablir l'équilibre. Elle diminue sous l'influence de la chaleur, elle augmente par le froid. »

Les expériences de Thompson et de Hastings sur le mésentère des grenouilles, sur la membrane inter-digitale, sur les ailes des chauves-souris avaient, du reste, mis le fait hors de doute.

Dans les cas de températures excessives, l'évaporation vient s'ajouter comme agent de refroidissement.

La contractilité vasculaire n'intervient pas seulement dans les cas où les influences échauffantes ou refroidissantes se puisent au dehors des sujets ; son action n'est pas moins manifeste quand il y a *production* plus ou moins grande de chaleur.

« Ainsi, à la suite d'un repas abondant, au moment où la digestion se fait et où le sang riche en matériaux assimilables produit avec plus d'intensité les phénomènes de calorification, qui se traduisent par l'excrétion d'une plus grande quantité d'acide carbonique par le poumon ; à ce moment, disons-nous, les vaisseaux capillaires se dilatent, les parties extérieures se gonflent et rougissent, les veines sont plus saillantes ; tout, en un mot, accuse un relâchement des petits vaisseaux, une plus grande rapidité du mouvement circulatoire et une plus grande déperdition de chaleur par le rayonnement ; de telle sorte que ces influences contraires, croissant simultanément, l'équilibre n'est pas rompu. Inversement, l'abstinence des aliments produit le refroidissement des extrémités, leur pâleur, et même, à un degré plus avancé, leur algidité ; de telle sorte que sous cette influence, qui favorise la conservation de la chaleur centrale, existe un moyen de contrebalancer la production (1). »

Dans ces cas, l'auteur admet, et avec juste raison, que le relâchement des vaisseaux est dû à un certain échauffement de la masse entière du sang et, par suite, à une élévation très-légère de température du sang artériel. Cette manière de voir lui permet d'expliquer certains phénomènes que les auteurs ont désignés sous le nom de *sympathies*. Nous voudrions, Messieurs, pouvoir le suivre dans cette étude, et vous montrer combien sont simples et ingénieuses les explications qu'il donne ; mais il faut savoir nous borner.

Il nous reste, pour terminer l'analyse de ce travail remarquable, à examiner comment ses opinions se prêtent à l'interprétation des faits cliniques.

Dans le frisson de la fièvre intermittente, y a-t-il abaissement réel de la température, ou seulement sensation subjective de froid ? Cela dépend, dit l'auteur,

(1) L'auteur, pages 57 et 60.

des parties du corps dont on explore la température. La main du fébricitant est plus froide qu'à l'état normal ; la bouche offre la même température que de coutume ou à peu près. Le refroidissement porte sur les parties les plus exposées au rayonnement ; supprimez celui-ci, et il ne reste que la sensation subjective de froid. Dans le stade de chaleur, les médecins admettent qu'il y a production considérable de chaleur. Pour l'auteur il n'en est pas ainsi, cette production est très-peu augmentée ; il y a seulement changement dans la répartition du calorique. La température s'élève, dans les parties périphériques, au point d'atteindre quelquefois le degré qu'elle offre dans les parties centrales, sans jamais le dépasser.

Observons que, si d'un côté la température centrale reste fixe et que de l'autre celle des surfaces augmente, il y a en somme production de chaleur dans la fièvre. Le doute ne nous paraît guère possible.

Les médicaments qu'on emploie pour combattre les deux états opposés, algidité et fièvre, n'ont pour effet, dit l'auteur, que de produire des changements dans la contractilité des vaisseaux.—Les *excitants* relâchent les vaisseaux, et rendent ainsi le cours du sang plus rapide ; les *hyposthénisants* font contracter le système vasculaire et ralentissent la circulation. Dans l'action de ces derniers médicaments, il y a quelque chose de plus que l'effet de la substance absorbée, il y a l'effet nauséeux qui est commun à tous les agents de cette classe. Or, la nausée suffit pour produire un abaissement de température.

L'auteur termine en reproduisant cette pensée, qu'on trouve presque à chaque page de son travail, qu'il n'y a aucune augmentation de force chez le sujet qui est dans le stade de chaleur, aucun affaiblissement chez celui qui est dans la période de froid. Si, dans le premier cas, les battements du cœur sont plus fréquents et les pulsations artérielles plus amples, c'est que la tension artérielle a baissé par suite de la dilatation des petits vaisseaux.

Ce travail peut, du reste, se résumer dans les deux propositions suivantes :

La contractilité des vaisseaux tient sous sa dépendance la température des parties périphériques, et jusqu'à un certain point la température centrale ;

La partie dont les vaisseaux sont contractés est le siége d'une circulation moins active ; si elle est exposée au refroidissement, la température s'abaisse. La dilatation des vaisseaux amène une plus grande rapidité de la circulation, une chaleur plus considérable, mais qui, n'étant que celle du sang lui-même, ne peut dépasser celle des parties centrales.

Nous avons lu ce mémoire avec intérêt et profit. Il est vivement à regretter que l'auteur ait concentré ses recherches sur un point limité de la question ; mais il l'a fait avec une telle supériorité de vues, une telle netteté, une telle précision, qu'il doit occuper dans ce concours une place honorable. Ce n'est point pour nous un inconnu : jeune encore, ce médecin s'est fait un nom dans la science. Nous le connaissons depuis long-temps déjà par ses études sur la circulation du sang, et il donnait, il y a quelques jours à peine, dans les Comptes-rendus de l'Académie des sciences un nouveau et remarquable travail sur le sphygmographe.

———

L'auteur du mémoire n°. 6 a emprunté à M. Dumas la devise suivante :

« *On vous dit souvent : La théorie de Lavoisier est modifiée, elle est renversée.*

« *Erreur, Messieurs, erreur; non, cela n'est pas vrai. Lavoisier est intact, impénétrable ; son armure d'acier n'est pas entamée.* »

Ce mémoire est d'un savant étranger, cela ne se devine que trop aux imperfections de langage et de style. Ce n'en est pas moins une œuvre distinguée, plus remarquable aussi par l'érudition que par l'originalité. L'auteur a mis sous nos yeux un tableau complet de l'état actuel de la science; il s'est conformé rigoureusement à la lettre de votre programme ; pourquoi n'en a-t-il pas aussi bien compris l'esprit? Ce qu'il fallait surtout, c'était signaler les inconnues du problème et s'efforcer de les dégager. Il ne l'a pas fait, aussi complètement du moins que nous devions le désirer; et si le travail révèle des connaissances étendues, il se distingue bien plutôt par l'exactitude des détails que par la vigueur de la conception. Les développements dans lesquels nous sommes entré nous permettront d'analyser brièvement cet ouvrage ; la critique sera sobre et le jugement facile.

Après avoir établi, en quelques mots, que les animaux produisent de la chaleur, que la quantité de chaleur produite n'est pas la même dans toute la série animale, qu'elle varie chez le même individu suivant une foule de circonstances, l'auteur entre tout de suite dans l'examen des diverses théories qui ont eu cours dans la science. Il rappelle l'hypothèse de la chaleur innée, puis il étudie rapidement les opinions des chimiâtres; il montre Van-Helmont, invoquant le mélange opéré dans le cœur du soufre et du sel volatil du sang; François Sylvius, rapportant la calorification à l'effervescence née au contact du chyle et de la lymphe ; Stevenson, aux transformations incessantes des humeurs et des aliments ; enfin Hamberger, assimilant les réactions dont le sang est le siége aux phénomènes de la combustion spontanée des amas de fumiers et de matières végétales. Notions incomplètes et erronées d'une chimie encore dans l'enfance, mais aussi germe fécond de la grande idée développée par les chimistes modernes.

Vers la fin du XVIIᵉ. siècle, les théories mathématiques entreprennent à leur tour d'expliquer les phénomènes de la vie comme les mouvements produits par une machine. Dans toute machine, si soigneusement qu'elle soit construite, les roues, les engrenages, les moindres frottements donnent lieu à un dégagement de chaleur ; pourquoi, disait-on, n'en serait-il pas de même dans le corps humain? Là aussi il y a des mouvements continuels, et par conséquent des frottements, non-seulement des parties solides les unes contre les autres, mais aussi du fluide sanguin contre les parois des vaisseaux, des globules sanguins entr'eux. Le nombre de ces globules, la vitesse de la circulation, la rigidité des parois, le diamètre plus ou moins fin des vaisseaux donnaient la raison des différences de température, non-seulement chez un même individu dans diverses conditions de la vie, mais aussi chez tous les êtres de l'échelle animale, et les calculs les plus minutieux venaient à l'appui de la théorie.

D'Alembert, dans le discours préliminaire de l'*Encyclopédie*, est révolté par cette manière d'appliquer l'algèbre à tous les actes de la nature ; et les recherches de la physique moderne sont venues renverser l'hypothèse qui servait de base à ces opinions, en démontrant qu'il n'y a pas de frottement entre les

liquides et les parois des conduits qu'ils parcourent. Cependant, si la manière d'interpréter les faits est erronée, disons, pour être juste, que certains phénomènes ont été bien observés. Nous le voyions, il y a un instant : la vitesse du sang, le resserrement et l'élargissement des vaisseaux, la résistance plus ou moins grande qu'ils offrent au passage du liquide ont une influence marquée, sinon sur la production de la chaleur, au moins sur sa répartition. Tant il est vrai qu'il est difficile de comprendre qu'il n'y ait point un degré de vérité dans une théorie qui a séduit une époque tout entière.

Viennent ensuite les hypothèses chimiques. L'auteur, tout en donnant à cette partie de son mémoire un grand développement, est resté incomplet. Il est certains travaux qu'il cite à peine et qui ont contribué cependant à éclairer quelques points de la question ; il en est d'autres dont il n'a pas compris peut-être toute la portée et toute la signification. Après avoir rappelé les recherches antérieures à Lavoisier, il expose avec intelligence et méthode les opinions de cet homme illustre. Il dit que c'est à tort qu'on oppose au chimiste français, Crawford, qui, simple interprète des doctrines de Priestley, a pour tout mérite d'avoir soupçonné que les réactions chimiques se passent dans les capillaires généraux. Les travaux de Lavoisier avaient montré le rôle important de la respiration dans la production de la chaleur, mais ce savant avait déterminé la chaleur perdue et la quantité d'oxygène absorbée par deux expériences distinctes et séparées, exécutées sur le même animal ; Dulong et M. Despretz perfectionnent la méthode, en mesurant ces deux éléments du problème simultanément et dans une même expérience, pour chaque espèce animale soumise à leur observation. Leurs résultats sont conformes ; mais ils doivent être admis avec une grande réserve, pour les motifs que vous connaissez déjà. Suivant le même ordre d'idées, l'auteur expose ensuite les recherches de M. Boussingault, celles de MM. Favre et Silbermann, et il termine cette partie de son travail en se demandant dans quel point de l'organisme s'effectuent les réactions chimiques. Il est conduit, de la sorte, à rappeler l'hypothèse de Lagrange, les expériences d'Hassenfratz, de Davy, de Magnus, et sa conclusion est que le raisonnement et l'expérience conduisent à admettre que les combustions respiratoires commencent dans les poumons, continuent avec peu d'intensité dans les artères, s'accomplissent pour la plus grande partie dans les capillaires et se terminent enfin dans les veines.

Cette opinion éclectique est-elle conforme aux travaux les plus récents ? est-elle l'expression de la vérité ?

Recherchant ensuite l'influence du système nerveux sur la chaleur animale, l'auteur cite les expériences de Brodie et de M. Chossat. Il lui est facile de démontrer que les recherches de Brodie n'ont pas été faites d'une manière rigoureuse, et que celles de M. Chossat sont accompagnées de telles mutilations qu'il n'est pas possible d'en admettre les conséquences. Il pense que ce n'est pas directement que le système nerveux concourt à la calorification, mais indirectement, et par la part qu'il prend à l'entretien des principales fonctions et à l'exécution régulière des actes qui se passent dans l'économie. La respiration tenant sous sa dépendance la production de la chaleur, il importe, dit-il, d'étudier l'influence des centres nerveux et des cordons périphériques sur cette fonction. C'est là, en effet, Messieurs, un sujet d'étude aussi plein d'intérêt pour le physiologiste que fécond en utiles applications pour le médecin. Mais cette question ne ressort pas directement du sujet qui nous occupe, et c'est à tort, selon nous, que l'auteur est entré dans de longs développements. Nous ne devons pas l'y suivre ; qu'il nous suffise de résumer brièvement cette partie du travail.

Galien avait parfaitement reconnu ce fait, aussi curieux qu'important, qu'il se trouve au commencement de la moëlle épinière une partie dont la lésion anéantit sur-le-champ la respiration et la vie chez les animaux. Legallois, MM. Flourens et Longet ont rigoureusement déterminé cette partie de l'axe cérébro-spinal ; ils ont montré que si, à l'aide de deux sections transversales du bulbe, on intercepte un segment ou une rondelle renfermant l'origine de la huitième paire avec quelques filets radiculaires du nerf spinal, tous les mouvements de conservation s'arrêtent d'une manière brusque. Les mêmes expérimentations nous ont encore appris que la moëlle *sans le bulbe rachidien* n'est, relativement au principe des mouvements respiratoires, qu'un simple cordon conducteur.

Le nerf facial tient sous sa dépendance les mouvements des ouvertures nasale, buccale et bucco-pharyngienne.

La section des nerfs récurrents amène le resserrement plus ou moins immédiat de la glotte, et une suffocation d'autant plus marquée que les animaux sont plus jeunes.

Le tronc mixte du nerf vague préside à la sensibilité de la muqueuse et à la contraction des fibres musculaires de la trachée et des bronches ; mais il semble n'exercer qu'une influence indirecte sur l'hématose. Si, après la section des pneumo-gastriques, cet acte essentiel se trouble de plus en plus au point même de cesser complètement, il faut en chercher la cause dans les altérations graves et croissantes qui se développent dans les appareils circulatoire et respiratoire (1).

Le nerf spinal, auquel Ch. Bell a donné le nom de nerf respiratoire, n'a, d'après M. C. Bernard, aucun rôle à remplir dans l'état de repos de la respiration simple; il n'intervient que lors d'une respiration complexe, manifestée par l'effort, par la voix.

Quant à l'influence du nerf grand-sympathique sur la respiration, elle ne peut être directement constatée; il est probable qu'elle n'est pas très-marquée, mais cette influence est au contraire très-notable sur la circulation capillaire.

L'auteur termine cette première partie de son travail par l'exposé rapide des opinions de Hunter, de Bichat, de Boin, de Collard de Martigny, et cette première partie ne renferme rien de nouveau, rien de saillant.

La deuxième partie est consacrée à la détermination de la chaleur dans la série animale.

S'il est vrai, dit l'auteur, que la chaleur que les animaux produisent provient des phénomènes chimiques de la respiration, on doit pouvoir déterminer *à priori*, par la seule considération des organes, quels sont les animaux qui produisent le plus de calorique, quels sont ceux qui en produisent le moins. Or, de tous, les oiseaux sont ceux chez lesquels la respiration est le plus étendue; car l'air, après avoir traversé les

(1) Longet, *Phys.*, t. Iᵉʳ., p. 675.

poumons, qui sont percés comme un crible, se répand
dans leurs nombreux sacs aériens, et le sang est mis
en contact avec lui dans toutes ses parties.— Il y a ici
une erreur. C'est à tort, en effet, que Cuvier pensait
que les réservoirs aériens servaient à une double
respiration, le sang devant s'oxygéner à la fois dans
les réseaux capillaires des poumons et, à la surface
de ces réservoirs, dans les réseaux capillaires de la
circulation générale. Cette conjecture physiologique
est démentie de plusieurs manières : en premier lieu,
les parois membraneuses des sacs aériens sont très-peu
vasculaires ; puis les vaisseaux veineux, qui en rap-
portent le sang, s'abouchent avec le système des
veines-caves, et non avec les veines pulmonaires ; enfin
les réservoirs thoraciques, cervicaux et abdominaux
reçoivent de l'air expiré à peu près impropre à une
nouvelle hématose. Ce n'est donc pas dans cette dis-
position qu'on doit chercher la cause de la température
plus élevée des oiseaux. Quoi qu'il en soit, l'auteur
déduit des recherches de Martine, de Hunter, de Davy,
de Provost, de Dumas, et de quelques expériences
qui lui sont propres, que la température moyenne
des oiseaux est de 41°,57. Les limites de l'oscillation,
à l'état normal, ont été entre 37°,80 et 43°,90. Ces
limites sont un peu plus étendues que celles qui sont
admises généralement. Si, d'un autre côté, on classe les
ordres d'après leur température, on trouve en première
ligne les gallinacées, et en dernière, les rapaces.

La température des mammifères est sensiblement
moins élevée que celle des oiseaux ; elle oscille entre
35°,76 et 40°,50 ; la moyenne est 38°,73. Les ruminants
sont ceux dont la température est la plus élevée, les
pachydermes ceux dont la température est la plus
basse.

La température de l'homme est, d'après l'auteur, de 37°,30 ; dans l'état normal, elle ne s'élève pas au-dessus de 38°,50 et ne s'abaisse pas au-dessous de 36°. Mais il serait à désirer, ajoute-t-il, qu'on pût déterminer la quantité de chaleur produite dans les 24 heures. A ce sujet, il cite, d'après M. Gavarret, les expériences de Lavoisier et celles de Barral, desquelles il résulte que l'homme, dans la force de l'âge et dans l'état de repos, après avoir suffi aux besoins de l'évaporation pulmonaire et cutanée, ne peut disposer, par heure et par kilogramme, que de 2,863 calories, c'est-à-dire d'une quantité de chaleur suffisante à peine pour élever de deux degrés la température de son corps. Si l'on songe qu'il faut qu'il résiste aux effets réfrigérants du rayonnement et du contact incessant des gaz de l'atmosphère, on comprend la nécessité où il se trouve de remplacer par des moyens artificiels cette fourrure que la nature lui a refusée, et qu'elle a accordée aux animaux supérieurs, d'autant plus épaisse qu'ils habitent des climats plus froids.

Le chapitre dans lequel l'auteur s'occupe de la répartition de la chaleur, suivant les diverses parties du corps, n'offre rien qui doive fixer l'attention. Nous en disons autant des paragraphes relatifs à la température des poissons, des reptiles, des insectes, des mollusques, des annélides, des crustacés et des zoophytes.

Recherchons maintenant rapidement, avec l'auteur, les rapports de la température avec la quantité d'oxygène consommée, et celle d'acide carbonique et de vapeur d'eau exhalée. Les animaux qui ont une chaleur plus élevée consomment une quantité d'oygène plus considérable, relativement au poids de leur corps et à l'étendue de leurs surfaces libres. Ainsi, en première ligne, se trouvent les oiseaux, et, parmi eux, ceux dont le vol est le mode habituel de locomotion distancent de beaucoup les autres ; viennent ensuite les mammifères, puis, presque sur le même rang, les insectes ; les reptiles n'arrivent qu'en troisième ligne, et même, dans cette classe, ceux qui sont amphibies et à peau nue ne présentent pas de supériorité notable sur les annélides. Il faut, de plus, observer que la consommation d'oxygène, faite dans des temps égaux par des poids égaux d'animaux appartenant à la même classe, varie beaucoup avec leur grosseur absolue. Ainsi, elle est dix fois plus grande chez les petits oiseaux, tels que les moineaux et les verdiers, que chez les poules. Comme ces diverses espèces possèdent la même température, et que les plus petits, présentant comparativement une surface beaucoup plus grande à l'air ambiant, éprouvent un refroidissement plus considérable, il faut que les sources de chaleur agissent plus énergiquement et que la respiration soit plus abondante.

Ces faits résultent, vous le savez, des belles recherches de M. Regnault ; elles ont été confirmées par les expériences de MM. Rameaux et Sarrus.

Les influences qui modifient la température animale sont très-nombreuses. En premier lieu, se placent les conditions thermiques et hygrométriques du milieu ambiant. L'auteur a traité très-longuement cette question ; trop longuement, car il ne fait qu'exposer dans tous leurs détails des recherches connues. Ajoutons qu'il le fait le plus souvent sans ordre et sans méthode ; on cherche en vain l'enchaînement des idées, et ses conclusions sont le plus souvent obscures et difficiles à saisir. L'homme résiste, nous l'avons déjà dit, à des froids très-intenses; mais il ne peut le faire qu'à la condition de se couvrir de vêtements convenables, de se ménager des abris, de faire usage d'aliments appropriés à la circonstance, de se donner un mouvement suffisant, enfin d'être doué d'une bonne constitution et d'une certaine énergie morale. Lorsqu'il y a insuffisance dans les moyens de résistance au froid, il arrive un moment où la perte de chaleur atteint sa limite extrême, au-delà de laquelle la vie se trouve menacée. Cette limite peut être portée très-loin chez les reptiles, les poissons et les invertébrés. Les œufs de ces animaux résistent mieux à l'action du froid qu'ils ne le font eux-mêmes.

La chaleur excessive n'est pas moins à redouter que le froid intense ; le moyen le plus puissant qu'aient les animaux pour résister à son influence consiste dans l'évaporation d'une partie de l'eau qui entre dans la composition de leurs humeurs. Ici encore on reconnaît la nécessité des abris et des vêtements.

A égalité de température, l'homme supporte mieux le froid, quand l'atmosphère est calme que quand elle est agitée. Ce fait a été mis hors de doute par les observations de tous les navigateurs, et nous-mêmes, dans nos villes, nous pouvons à chaque instant constater ces effets lorsque, soit en été, soit en hiver, nous passons d'un lieu où l'atmosphère est calme et tranquille dans une rue balayée par un coup de vent. L'explication en est facile : l'agitation de l'air renouvelle les gaz sans cesse et rapidement autour de l'homme ; dans un temps donné, une plus grande masse est mise en contact avec son corps et lui enlève une plus forte somme de chaleur. Aussi, dit le professeur Ch. Martine, l'homme soigneux de sa santé

a-t-il soin de consulter autant la girouette et le mouvement des corps légers emportés par le vent, que son
thermomètre, pour savoir comment il doit se vêtir.

L'état du milieu ambiant exerce aussi une action
puissante sur l'activité de l'évaporation à la surface du
corps. La diminution de la pression atmosphérique favorise le passage de l'état liquide à l'état gazeux, et
cette circonstance explique la soif et le froid qu'éprouvent les voyageurs qui font des ascensions sur les hautes
montagnes. L'influence de l'état hygrométrique de l'air
n'est pas moins marquée. Toutes choses égales, d'ailleurs,
les animaux perdent d'autant moins d'eau et de chaleur
par les surfaces cutanée et pulmonaire, que le climat
et la saison sont plus humides et que l'atmosphère est
plus rapprochée de son point de saturation.

Le chapitre dans lequel l'auteur traite de l'alimentation et de l'inanition est d'une longueur excessive ; il
renferme une étude complète des aliments au point de
vue de leur composition chimique et des modifications
qu'ils subissent dans le tube digestif avant d'être soumis
à l'action de l'oxygène. Ces questions appartiennent
bien plus à la digestion qu'à la chaleur animale ;
aussi les passerons-nous sous silence, avec d'autant
plus de raison que l'auteur ne fait que reproduire les
recherches de Liebig, de Mulder, de M. Mialhe et de
quelques autres. Un mot seulement de l'action de l'oxygène sur les matières alimentaires. Nous ne cherche-
rons point quelles sont les transformations que subissent
dans le canal alimentaire les fécules, les sucres, les
alcools, les corps gras, les substances albuminoïdes ;
qu'il nous suffise de dire que tous les chimistes sont
d'accord aujourd'hui sur ce point : que, parmi les matières absorbées, les unes sont azotées et se combinent

plus ou moins lentement avec l'oxygène, mais que, tout en s'oxydant en plus ou moins grande proportion, elles ne doivent point disparaître par la combustion; qu'elles prennent une part fort restreinte dans la production de la chaleur, et qu'elles sont destinées, en grande partie, à l'entretien et à la réparation des organes. Ce sont les aliments plastiques. Les autres sont des matières végétales hydrocarbonées, qui s'unissent promptement à l'oxygène, et se brûlent presque entièrement en donnant naissance à de l'eau, à de l'acide carbonique et à un grand dégagement de chaleur. Ce sont les aliments respiratoires. Toutefois remarquons, avec M. Mialhe, qu'il ne faut pas donner une valeur trop absolue à la distinction que nous venons d'établir; elle est, en effet, plus théorique que réelle. Chez l'animal qui engraisse, une portion des aliments respiratoires se dépose dans la trame de ses tissus, dont elle devient partie constituante, c'est-à-dire qu'elle est transformée en aliment plastique. Chez l'animal qui maigrit ou chez celui que l'on met à la diète, des substances qui avaient fait partie intégrante de la trame organique fournissent des matériaux à l'oxygène de la respiration, c'est-à-dire qu'elles deviennent des aliments respiratoires. Il y a plus : chez tout animal, il s'opère sans cesse un mouvement de composition et de décomposition dans tous les organes; les substances plastiques qui font partie de leurs tissus sont brûlées au bout d'un certain temps par l'oxygène du sang, pour être rejetées au-dehors à l'état d'urée et d'acide urique, et sont remplacées par d'autres matériaux plastiques (1).

Les médicaments ont aussi, vous l'avez vu déjà, une

(1) Mialhe, *Chim. app. à la phys.*, p. 19.

influence sur la température des animaux. Les recherches qui ont été entreprises sur ce sujet l'ont été en dehors de toute idée générale , et les conclusions auxquelles on est arrivé ne peuvent être, pour le physiologiste et pour le médecin, d'une utilité réelle. M. Mialhe avait indiqué une voie qui pouvait, ce nous semble, conduire à un meilleur résultat. L'oxydation intravasculaire est un phénomène incessant et tellement nécessaire qu'il ne peut être entravé, anéanti, sans que la vie soit immédiatement en péril. De là l'intérêt qu'il peut y avoir à rechercher l'action des agents médicamenteux sur ce phénomène. On comprend aisément avec quelle rapidité deviendrait mortelle une substance qui s'emparerait sur-le-champ de tout l'oxygène destiné , dans le sang, aux besoins de la respiration et de la nutrition. Ainsi l'acide cyanhydrique, dont les effets toxiques sont comparables à la foudre elle-même, agit , selon toute probabilité , en arrêtant brusquement l'oxydation vitale. Ainsi agit encore l'acide arsénieux , mais à un bien moindre degré. Ainsi l'émétique , à un degré plus faible encore. Cette action semble rendre compte de l'efficacité de cette substance dans le traitement de la pneumonie , du rhumatisme articulaire aigu. Si, comme le pense M. Mulder, la couënne inflammatoire n'est pas constituée par de la fibrine , mais si elle est le résultat d'une oxydation outrée de l'élément albumineux primordial, la protéine , on comprend que l'émétique vienne réduire cette oxydation et la ramener à son type normal. Les acides cyanhydrique et arsénieux, envisagés sous ce point de vue, pourraient peut-être aussi remplir avantageusement cette indication et devenir des médicaments utiles dans les maladies inflammatoires. Enfin le chloroforme , l'éther sulfurique, les huiles volatiles, introduits dans le torrent circulatoire, déplacent l'oxygène du sang, arrêtent la combustion et suspendent la vie plus ou moins long-temps. Il serait curieux de savoir si, en même temps que ces phéno-mènes se produisent, il y a abaissement de tempéra-ture.

L'auteur s'est borné à reproduire textuellement les expériences de MM. Duméril, Demarquay et Lecointe, et celles de M. Buisson. Vous connaissez les résultats obtenus, nous n'avons point à y revenir. Nous ferons seulement remarquer que ces expériences ont été faites sur des animaux, et qu'il faut toujours être très-réservé quand il s'agit d'appliquer à l'homme les résultats ob-tenus par ce mode d'expérimentation.

Il nous reste, pour terminer l'examen de ce mémoire, à vous présenter l'analyse rapide du dernier chapitre, dans lequel l'auteur s'occupe de l'influence des cir-constances physiologiques.

Avec la vie commencent les phénomènes chimiques et physiques qui la caractérisent, et avec ceux-ci ap-paraît la production de la chaleur, qui n'en serait qu'une conséquence. Quel que soit l'âge auquel on observe le nouvel être, on constate dans l'air qui l'environne les deux modifications connues, et un dégagement plus ou moins considérable de chaleur coïncide avec cette double altération de l'air. — L'œuf fécondé résiste plus énergiquement au froid que celui qui ne l'est pas. Chez les animaux vivipares, la chaleur propre du fœtus se confond avec celle de la mère. La plupart des auteurs admettent qu'il y a accroisse-ment continu de la chaleur depuis la naissance jusqu'à l'âge adulte, et diminution, à partir de cet âge jusqu'à la fin de la vie, la puissance respiratoire suivant la même marche. L'auteur, au contraire, conclut, de quelques expériences qui lui sont propres, que la température chez l'homme est plus élevée dans l'enfance et dans la jeunesse que dans l'âge adulte, et plus élevée dans l'âge adulte que dans l'âge de retour. Nous pensons que ces différences, dans les résultats obtenus, tiennent à des conditions particulières dans lesquelles les sujets se sont trouvés placés au moment où l'observation a été faite. D'un autre côté, l'auteur s'est trompé sur la signification des expériences de M. Regnault, qu'il regarde comme confirmatives de ses recherches. Il pense que le sexe n'a pas d'influence bien marquée sur la température du corps; il penche cependant à croire qu'il y a une différence légère en faveur des hommes. Pour nous, au contraire, il est une circonstance qui tend à faire croire que la production de chaleur est plus active chez la femme que chez l'homme; c'est l'énergie avec laquelle elle résiste aux causes extérieures de refroidissement. Habituellement vêtue et chaussée plus légèrement que nous, elle assiste, pendant des heures entières, immobile, la tête, le cou, les épaules, les bras nus, à des représentations théâtrales et à des fêtes, qui se donnent en plein air, par une température parfois assez rigoureuse. Cette insensibilité relative au froid trouve peut-être son explication, comme le pense M. Longet, dans la prédominance de l'action nerveuse, particulière au sexe féminin, et dans l'influence de cette même action sur la caloricité par l'intermédiaire de la circulation.

D'après M. Matteucci, les muscles dans l'état de vie absorbent de l'oxygène, et dégagent de l'acide carbonique et de l'azote; les effets sont plus que doublés

sous l'influence de la contraction artificiellement pro-
voquée ; en même temps il y a production de chaleur
et d'électricité. De plus, l'activité que la contraction
musculaire détermine dans la circulation locale et générale, et dans les mouvements respiratoires, devient
une nouvelle source de chaleur. Le travail de l'esprit
produit le même résultat : limitée d'abord, à la tête,
l'augmentation de la chaleur se généralise sous l'influence de méditations profondes et prolongées. Les
passions, les émotions morales, élèvent ou abaissent
la température du corps, suivant qu'elles exercent
sur le cours du sang et les mouvements respiratoires
une action stimulante ou dépressive.

Enfin l'exercice des fonctions génitales entraîne une
élévation de la température, non-seulement des organes auxquels ces fonctions sont dévolues, mais du
corps entier. A défaut d'observations directes, nous
n'en voulons pour preuve, chez les animaux, que l'amaigrissement rapide qu'on remarque chez plusieurs
d'entr'eux à l'époque de l'accouplement.

Le paragraphe consacré par l'auteur à l'étude des
influences morbides est un résumé clair et complet des
travaux connus. Il constate, avec tous les auteurs, l'accroissement de la température du corps dans les fièvres : fièvres éruptives, fièvre typhoïde, fièvre intermittente ; il étudie, avec Hunter et Thompson, les
lésions de la calorification dans l'inflammation ; il remarque, avec M. Demarquay, que toute inflammation locale
qui donne lieu à un mouvement fébrile, augmente tout à
la fois la chaleur locale et la chaleur générale. Il serait
utile d'ajouter que cette élévation de la température
générale représente assez bien l'intensité et l'étendue
du travail morbide partiel, mais surtout, et plus exac-

tement encore, l'altération du sang ; en sorte que les inflammations dans lesquelles l'accroissement de fibrine est le plus considérable sont précisément celles où la température atteint son maximum ; enfin, que la chaleur fébrile est plus élevée pendant l'exsudation plastique et la suppuration.

Dire, avec M. Monneret, que les névroses sont des maladies apyrétiques, rémittentes ou intermittentes, des systèmes nerveux encéphalo-rachidien et trisplanchnique, caractérisées par des troubles partiels ou généraux de la sensibilité, de la motilité et de l'intelligence, c'est dire assez que, dans ces maladies, la température n'est pas notablement modifiée. Ajoutons, toutefois, que les symptômes ne se bornent pas toujours à de simples troubles dynamiques. Le rôle que joue le système nerveux, dans toutes les fonctions, a une telle importance qu'on ne peut le supposer altéré sans que les actes physiques, mécaniques ou chimiques ne participent bientôt à ce trouble. La névrose, pour peu qu'elle dure, altère les sécrétions, la nutrition, la circulation, la température.

Les lésions organiques n'élèvent la chaleur du corps qu'autant qu'elles provoquent un mouvement fébrile.

La température des parties gangrenées, quelle que soit la cause de la maladie, s'abaisse d'une manière très-sensible pour la main et au thermomètre. M. Roger fait observer que, dans la gangrène de la bouche, chez les enfants, au début de la maladie, quand elle est circonscrite, que l'escharre commençant à l'intérieur de la cavité buccale a peu d'épaisseur et n'est pas encore visible à l'extérieur, fait observer, disons-nous, que la température des parties qui se mortifieront davantage, loin d'être abaissée, s'élève un peu au-dessus du degré physiologique.

Les pages consacrées par l'auteur à l'étude des lésions de la calorification dans la goutte, le diabète, le
rachitisme, les hydropisies, le choléra, etc., ne nous
suggèrent aucune remarque importante.

Des applications pratiques découlent de toutes ces
recherches ; signalons-en quelques-unes. Disons, avec
M. Roger, que l'abaissement de la température intermédiaire, à deux périodes d'exaltation, est un signe
pathognomonique de la méningite ; qu'un degré plus
élevé de chaleur permet de distinguer chez les enfants la
pneumonie lobulaire de la bronchite capillaire. Qu'un
enfant soit atteint des prodrômes d'un exanthème, l'intensité de la chaleur devra faire redouter une éruption
plus abondante, une forme irrégulière de la maladie ou
quelque complication ; le pronostic sera des plus sérieux.
De même, dans la fièvre typhoïde, si le thermomètre
s'élève au début à 41°, craignez une maladie longue et
dont le résultat sera douteux. La température s'abais-
se-t-elle beaucoup au-dessous de son degré normal,
le malade est menacé sérieusement. Ainsi, on n'a pas
d'exemple de guérison de cholériques quand le thermomètre est descendu à 23° ; dans l'œdème des nouveau-
nés, avec un abaissement de 4 à 5°, la vie est menacée.

Enfin, l'état de la température du corps peut fournir
pour le traitement des indications précieuses, soit qu'il
s'agisse de diminuer la chaleur qui dévore le malade,
soit qu'il devienne nécessaire de réveiller chez lui les
sources de la calorification.

Nous avons terminé, Messieurs, la trop longue analyse de ces volumineux mémoires ; il nous reste, pour
avoir accompli notre tâche, à apprécier leur mérite
relatif.

8

Nous pouvons rapprocher les mémoires n°. 4 et n°. 6 ; ils ont, à des degrés très-divers, il est vrai, les mêmes qualités et les mêmes imperfections. Ils sont trop longs ; dans l'un et dans l'autre, l'érudition tient une trop large place et l'originalité fait trop souvent défaut. Se conformant rigoureusement au programme que vous avez tracé, leurs auteurs n'ont omis aucune des questions sur lesquelles vous aviez plus spécialement appelé l'attention ; mais les détails dans lesquels ils sont entrés sont trop multipliés, et le lecteur fatigué cherche souvent en vain à se reconnaître au milieu de tous ces faits et de toutes ces expériences dont il ne saisit pas bien la signification. Après avoir lu ces mémoires, on est certes au courant de l'état actuel de la science ; mais l'esprit, peu satisfait, regrette de n'y avoir point trouvé une solution du problème plus nette et moins contestable. Nous devons toutefois, sous ce rapport comme sous plusieurs autres, faire une distinction entre ces deux travaux. L'auteur du mémoire n°. 4 a mieux compris toute l'étendue et toute la difficulté de la question ; il a tenté quelques efforts heureux pour jeter, sur les points encore obscurs, une lumière nouvelle. Son œuvre se distingue aussi par la méthode, par la clarté ; le style en est simple et correct, et nous n'hésitons pas à le placer avant le n°. 6, auquel manquent la plupart de ces qualités.

Le mémoire n°. 3 a de tout autres allures. La marche en est rapide ; le style est vif et quelquefois par trop brillanté ; la lecture, attrayante et facile. L'esprit se laisse aller volontiers à ces hypothèses ingénieuses, et on pourrait courir risque de s'égarer, avec l'auteur, si la réflexion et l'étude ne venaient promptement vous avertir que les sciences exigent un pas moins pressé, et qu'avant qu'une théorie ait droit de domicile, il lui faut la sanction de l'expérience. Toutefois ces défauts ne nous déplaisent point trop, et, en pareille matière, un peu de hardiesse vaut peut-être mieux que trop de timidité. Aussi, eussions-nous placé ce mémoire en première ligne, si l'auteur n'eût négligé quelques parties essentielles de la question.

Le mémoire n°. 5 est l'œuvre, nous l'avons déjà dit, d'un physiologiste distingué, habitué aux recherches expérimentales. Il est fâcheux qu'il se soit borné à étudier un point circonscrit du problème; si, en effet, il eût jugé à propos d'apporter à l'étude des autres parties le même soin et le même talent que ceux dont il a fait preuve, il eût mérité d'être remarqué d'une manière toute particulière. En acceptant son travail tel qu'il est, il est encore digne de votre estime et de vos éloges.

Si maintenant, Messieurs, nous nous demandons quel profit la science aura retiré de ce concours, la réponse est facile. Sans nul doute, nous n'avons pas le dernier mot de la science sur cet important sujet, vous ne pouviez l'espérer; mais nous savons au moins quelle en est l'étendue, nous savons quels sont les points encore obscurs, quels sont ceux qui réclament de nouvelles études et de nouvelles recherches. Ce concours n'eût-il eu d'autre résultat que de démontrer que la chimie seule est *aujourd'hui* impuissante à expliquer les causes de la chaleur animale et les modifications qu'elle subit sous l'influence de l'organisme, il faudrait nous féliciter de l'avoir provoqué. A Dieu ne plaise, Messieurs, que nous voulions médire des sciences physiques et chimiques; nous savons les services immenses qu'elles ont rendus, qu'elles sont appelées à rendre à la médecine et à la physiologie ; mais nous disons aussi qu'il faut qu'on se souvienne qu'il y a dans l'organisme humain des actes et des propriétés qu'elles n'ont encore pu expliquer. Pour le sujet qui nous occupe, personne ne songe aujourd'hui à attaquer la théorie de Lavoisier et de son école, en tant seulement qu'elle affirme que la chaleur animale ne peut être produite sans action d'oxygène sur les matériaux du sang ou sur les tissus ; mais il faut se souvenir que ces combustions se passent chez un être vivant, sous l'influence d'un système nerveux plus ou moins développé ; et nier l'influence de la vie sur ce phénomène, c'est commettre une erreur plus grave peut-être que de contester les actions physico-chimiques. Un jour viendra, sans nul doute, s'il n'est déjà venu, où la chimie pourra, avec quelques corps simples, faire des principes immédiats et même des tissus ; mais ces tissus et ces principes resteront dans les mains des chimistes une matière inerte, il manquera toujours ce qu'il faut pour les animer : *ce feu divin*, dont parlent les Anciens.

Après l'examen qui précède, vous ne serez pas étonnés, Messieurs, si votre Commission ne vient demander le prix pour aucun des concurrents. Aucun d'eux ne lui paraît avoir atteint le but proposé ; mais plusieurs ont fait de louables efforts, et nous semblent avoir droit à des récompenses, à des éloges, à des encouragements. Les deux mille francs du prix sont peu de chose en comparaison du travail, et nous pourrions regretter de n'avoir pas à partager une somme plus considérable, si l'honneur n'était le grand mobile des athlètes qui descendent dans l'arène des concours académiques. Votre Commission vous propose, après mûre délibération, d'accorder : une somme de 800 francs et une *mention très-honorable* à l'auteur du mémoire n°. 4 ; — une somme de 400 francs et une *mention honorable* à chacun des auteurs des mémoires n°ˢ. (dans l'ordre de leur mérite) 3, 5 et 6.

Nous vous remettons, Messieurs, avec notre Rapport, les travaux des concurrents.

EXTRAIT

DU

PROCÈS-VERBAL DE LA SÉANCE EXTRAORDINAIRE

TENUE PAR L'ACADÉMIE IMPÉRIALE DES SCIENCES, ARTS ET BELLES-LETTRES DE CAEN,

LE 4 DÉCEMBRE 1861.

. . . .

« Les conclusions du Rapport de M. Roulland,
« interprète de la Commission, sont adoptées à

« l'unanimité. En conséquence, la Compagnie
« décide : qu'il n'y a pas lieu à décerner le prix
« de 2,000 francs ; mais que le concours a pro-
« duit des mémoires trop savamment, trop labo-
« rieusement, trop consciencieusement travaillés
« pour que des récompenses ne soient pas accor-
« dées à quelques-uns d'entre eux. Conformément
« aux conclusions précitées, le mémoire portant
« le n°. 4 est jugé digne d'une *mention très-
« honorable*, à laquelle sera jointe une somme
« de 800 francs. Des *mentions honorables* sont
« décernées aux n°°. 3, 5 et 6, ainsi classés dans
« l'ordre de leur mérite. Une somme de 400 fr.
« sera remise à chacun des auteurs de ces trois
« derniers numéros.

« M. le Président compare les épigraphes des
« billets cachetés et celles des mémoires, et il
« ouvre ces billets dans l'ordre de leur classement
« par la Commission qui a jugé le concours ;
« puis il proclame comme auteurs des mémoires :

« N°. 4, M. FAYEL, docteur en médecine à
« Caen ;

« N°. 3, M. DE ROBERT DE LATOUR, docteur
« en médecine à Paris ;

« N°. 5 , M. Marey , docteur en médecine à
« Paris ;

« N°. 6 , M. Joao da Camara Leme , docteur en
« médecine à Madère (île portugaise). »

Pour copie conforme :

Le Secrétaire ,

Julien TRAVERS.

Caen , typ. de A. Hardel.

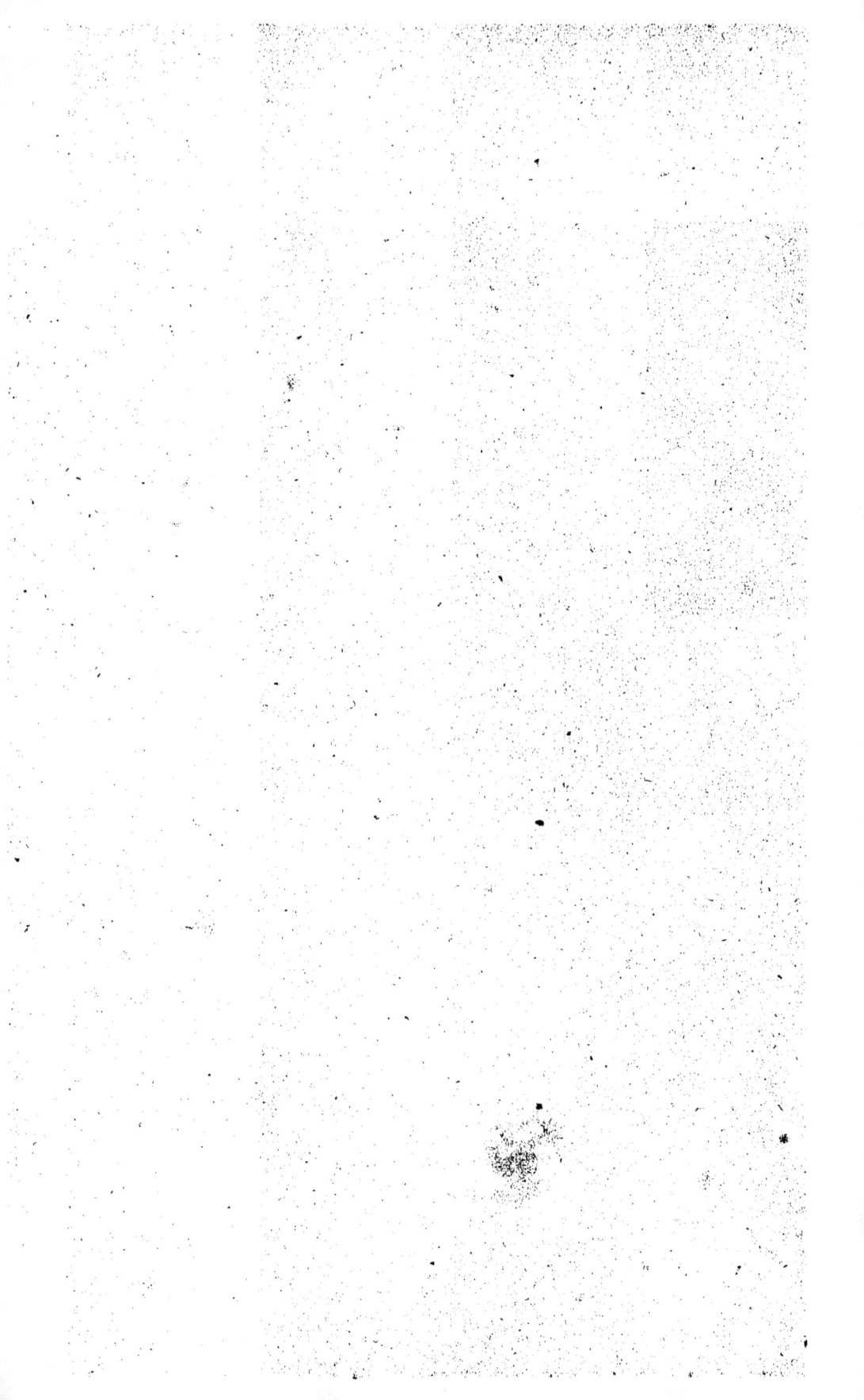

EXTRAIT

DU CATALOGUE DE LA LIBRAIRIE DE A. HARDEL.

————◦—◦————

HISTOIRE DU PARLEMENT DE NORMANDIE, depuis sa translation à Caen, au mois de juin 1589, jusqu'à son retour à Rouen, en avril 1594, par M. Jules Lair; ouvrage couronné par l'Académie impériale des Sciences, Arts et Belles-Lettres de Caen, le 28 novembre 1858. 1 vol. in-8°. Prix : 4 fr.

GLOSSAIRE DU PATOIS NORMAND, par M. Louis Du Bois; augmenté des deux tiers, et publié par M. Julien Travers. 1 volume in-8°. Prix : 10 fr.

ABÉCÉDAIRE OU RUDIMENT D'ARCHÉOLOGIE (architecture religieuse), par M. de Caumont, fondateur des Congrès scientifiques de France. 1 vol. in-8°. orné de près de 600 vignettes. Prix : 7 fr. 50.

ABÉCÉDAIRE OU RUDIMENT D'ARCHÉOLOGIE (architectures civile et militaire), par le Même. 1 vol. in-8°. orné d'un grand nombre de vignettes. Prix : 7 fr. 50.

COURS D'ANTIQUITÉS MONUMENTALES, par le Même. 6 volumes in-8°. et atlas; chaque volume se vend séparément avec un atlas. Prix : 12 fr.

BULLETIN MONUMENTAL ou collection de Mémoires et de renseignements pour servir à la confection d'une statistique des monuments de la France, classés chronologiquement, par M. de Caumont. 1re. série, 10 vol. in-8°. ; 2e. série, 10 vol. in-8". ornés d'un grand nombre de planches. Prix de chacun : 12 fr. On fait une remise aux personnes qui prennent une série entière.

STATISTIQUE MONUMENTALE DU CALVADOS, par M. de Caumont. In-8°. avec planches et un grand nombre de vignettes. Trois volumes ont paru. Prix de chacun : 10 fr.

MÉMOIRES DE LA SOCIÉTÉ DES ANTIQUAIRES DE NORMANDIE. 2e. série, 9 vol. in-4°. Prix de chacun : 15 fr.

FLORE DE LA NORMANDIE, par M. de Brébisson, membre de plusieurs Sociétés savantes.—Phanérogamie. 1 vol. in-12, nouvelle édition. Prix : 6 fr.

ANTIQUITÉS DE LA VILLE DE CAEN, par M. de Bras, 1 gros vol. in-8°. sur raisin. Prix : 10 fr.

CAEN, PRÉCIS DE SON HISTOIRE, SES MONUMENTS, SON COMMERCE ET SES ENVIRONS : par M. G.-S. Trebutien. 2e. édition, revue et considérablement augmentée. Prix : 1 fr. 50 c.

HISTOIRE DE L'ABBAYE DE SAINT-ÉTIENNE DE CAEN. 1065-1790. 1 vol. in-4°. avec planches, par M. C. Hippeau, professeur à la Faculté des lettres de Caen. Prix : 15 fr.

www.ingramcontent.com/pod-product-compliance
Lightning Source LLC
Chambersburg PA
CBHW062042200326
41519CB00017B/5114